固定道保护性耕作技术原理与实践

王晓燕　李洪文　编著

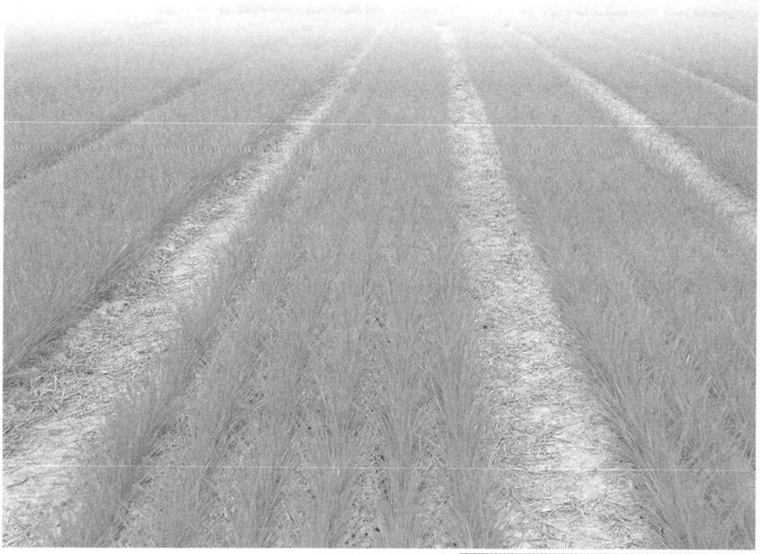

中国农业科学技术出版社

图书在版编目(CIP)数据

固定道保护性耕作技术原理与实践／王晓燕，李洪文编著．—北京：中国农业科学技术出版社，2009.8

ISBN 978－7－5116－0015－8

Ⅰ．固…　Ⅱ．①王…②李…　Ⅲ．资源保护－土壤耕作　Ⅳ．S341

中国版本图书馆 CIP 数据核字（2009）第 154709 号

责任编辑　冯凌云
责任校对　贾晓红

出 版 者　中国农业科学技术出版社
北京市中关村南大街 12 号　邮编：100081
电　　话　(010)82106630(编辑室)(010)82109704(发行部)
(010)82109703(读者服务部)
传　　真　(010)82106636
网　　址　http://www.castp.cn
经 销 者　新华书店北京发行所
印 刷 者　北京富泰印刷有限责任公司
开　　本　787mm×1 092mm　1/16
印　　张　11.625
字　　数　200 千字
版　　次　2009 年 8 月第 1 版　2009 年 8 月第 1 次印刷
定　　价　25.00 元

《固定道保护性耕作技术原理与实践》
编 委 会

主　编：王晓燕　李洪文

副主编：张　进　古润生

主　任：高焕文　李洪文

副主任：王晓燕　李问盈

编　委：（以姓氏笔画为序）

王庆杰　邓　健　古润生　石振平

何　进　张　进　张学敏　张喜瑞

陈　浩　贾邵辉　黄　虎　曹连生

韩战省　景希森　廖植樨

前　言

保护性耕作技术是对农田实行少耕、免耕，并用作物秸秆覆盖地表，以减少风蚀、水蚀，提高土壤肥力和抗旱能力的先进农业耕作技术。通过少耕、免耕和地表生物覆盖，能有效增加土壤水分，改善土壤团粒结构，减轻土壤侵蚀和减缓土地退化。保护性耕作技术在我国北方地区大面积的推广，有效地缓解了农业发展存在的问题。

随着机械化水平的提高，农机具重量不断增加，土壤压实逐渐成为一个世界性的问题。土壤压实破坏土壤结构，降低作物产量，加剧土壤退化。为此，澳大利亚、美国、英国和德国等发达国家开始了固定道耕作技术的尝试，其主要思想是将拖拉机行驶带和作物生长带分离开来，在田间建立永久的拖拉机行走道。这种耕作系统能够消除农机具作业对作物生长带土壤的压实作用。

随着保护性耕作和固定道技术的发展，研究人员逐渐将固定道系统和保护性耕作系统结合起来，形成固定道保护性耕作技术，从而充分发挥两种技术的优势，促进农业的可持续发展。国外研究表明，固定道保护性耕作能够改善作物生长、土壤结构，减少能量投入、物质投入和对环境的影响，提高农田机具作业的适时性，因而是一种可持续的农业生产体系。

由于作物种植行距不同、以中小马力机具为主要特点，使我国固定道保护性耕作的研究有别于发达国家以大型机具为主、高度机械化的农业生产体系。中国农业大学农业部保护性耕作研究中心自 1995 年开始，在保护性耕作试验研究的基础上，在国内开始了固定道保护性耕作的探索性研究。试验了中小机具条件下不同农业类型区的固定道保护性耕作体系，研究已经从北方一年一熟旱作区拓展到华北一年两熟区、西北绿洲灌溉区和东北垄作区等，初步证明了固定道保护性耕作在中国中小机具条件下的适用性，并对固定道保护性耕作的几项子技术进行了研究。

本书主要介绍了固定道保护性耕作的基本原理、国外发展现状，并总结了农业部保护性耕作研究中心在我国北方不同类型区开展的固定道保护性耕作体系的研究实践及取得的经验与成果。

全书共分六章。第一章系统地介绍了固定道保护性耕作的概念、作业原理、主要技术模式和国内外研究现状；第二章至第四章分别总结了在北方一年一熟区、一年两熟区和西北干旱灌溉区已经开展固定道保护性耕作体系试验的成果，分析了不同类型区的生产特点，研究设计了固定道保护性耕作的技术模式与配套装置，从土壤保护、节水、作物生长及产量等方面总结了试验效果；第五章介绍了固定道保护性耕作节能减排效果试验取得的初步成果；第六章对固定道保护性耕作的应用前景及研究重点进行了展望。

本书可以作为广大农业、环保及保护性耕作技术研究人员、推广人员等的学习与参考书籍，也可以作为各级领导、科学技术工作者了解固定道保护性耕作技术的参考。

本书第一章、第二章、第五章由王晓燕编写，第三章由陈浩编写，第四章由何进编写，第六章由李洪文编写。王晓燕、李洪文统稿。廖植樨教授对书稿进行了认真的审定，在此表示衷心感谢！

全书实例分析内容主要基于农业部保护性耕作研究中心多年的研究资料，是中心全体成员多年实践研究成果的总结，书中部分内容还参考了澳大利亚、美国及欧洲相关专家的技术成果。中心的教师和研究生及各试验基地的同仁均为相关研究做出了贡献，本书在编写过程中得到了大家的大力帮助与支持。

固定道保护性耕作技术的研究与应用在我国起步较晚，目前的试验研究时间有限，有些观点仍处于学术争论中。由于水平所限，书中偏颇疏漏之处在所难免，诚望读者和专家给予谅解，并不吝批评指正。

编　者

2009 年 8 月

目　录

第一章　固定道保护性耕作的作业原理与发展

第一节　固定道保护性耕作的概念

整地、播种、植保、收获等机械化作业都会影响水分利用效率和作物产量。机械化作业的明显优势，如可以提高作业的适时性等，已经得到普遍认可；在过去的30年当中，人们逐渐认识到机械化技术对秸秆处理的作用。但是，在机械化作业中，机器对土壤的压实危害却被忽视或是未能得到广泛认识。

随着机械化水平的提高，农机具重量不断增加，土壤压实已逐渐成为一个世界性的问题[1]。土壤压实破坏土壤结构，降低作物产量，加剧土壤退化。例如，土壤压实导致澳大利亚昆士兰和新南威尔士州棉花和西部小麦产区30%的面积减产[2,3]，导致欧洲3 300万 hm^2 土地退化。欧盟将土壤压实定义为一种严重的土壤退化形式[4]。

保护性耕作技术是对农田实行少耕、免耕，并用作物秸秆覆盖地表，以减少风蚀、水蚀，提高土壤肥力和抗旱能力的先进农业耕作技术。通过少耕、免耕和地表生物覆盖，能有效增加土壤水分，改善土壤团粒结构，减轻土壤侵蚀和减缓土地退化，保护性耕作在我国北方地区大面积的推广，有效地缓解了农业发展存在的问题。

在平作、免耕的保护性耕作系统中，拖拉机和农机具在田间任意行走，如果将播种、植保收获、运输等所有作业工序累加，土壤压实面积累计可达到100%。因此，多年免耕后也会造成土壤的严重压实[5,6]（图1－1，图1－2）。Hilfiker[7]和Lamers[8]的试验表明，因拖拉机和作业机具任意行驶造成土壤的压实，减少了土壤孔隙度，使得压实区域作物根系密度比非压实区域减少52%，根系长度缩短40%～50%，从而造成作物减产。

试验表明，土壤压实的危害主要为：①压实降低土壤孔隙率、降低土壤持水能力，水分渗透率显著下降，增加径流，土壤侵蚀加剧[9,10]；②压实破坏土壤结构，降低土壤微生物的生物量和活性，减少土壤动物数量[11]；③压实增加了土壤强度和渗透阻力，阻碍根系的正常生长，降低了作物对水分和养分的吸收，限制了作物地上部分的生长发育，导致产量下降[12]；④土壤机械阻力增加，作业能耗增加，经济效益降低。

图1-1　拖拉机压实

图1-2　土壤随机压实

由于保护性耕作普遍采用的深松技术不足以完全消除土壤压实所带来的负面影响，因此，澳大利亚、美国、英国和德国等发达国家开始了固定道作业技术的研究[13]。固定道作业系统的主要思想是将拖拉机行驶带和作物生长带分离开来，在田间建立永久性的拖拉机行走道（图1-3）。这种耕作系统能够消除机具作业时机器行走系统对作物生长带土壤的压实作用，改良土壤的结构，同传统耕作相比，能节省50%的能源消耗，减少作业成本，提高10%左右作物产量[14,15]。随着保护性耕作和固定道技术的发展，研究人员逐渐将固定道系统和保护性耕作系统结合起来，形成固定道保护性耕作技术，从而充分发挥两种技术的优势，促进农业的可持续发展。

图1-3　固定道保护性耕作系统

固定道保护性耕作技术的特点是：①机器行走系统在固定的车道上行驶，车道上不种植作物；②作物生长带不被车轮压实；③作物收获后，用作物残茬覆盖地表，不进行翻耕作业，土地在覆盖状况下度过休闲期；④采用多种方法控制杂草[16,17]。

固定道耕作技术采用了适当的农艺和管理方法，使生长作物和车轮轨道区域土壤的潜能达到最大。在实际作业时，这意味着每一次作业都重复使用相同的车轮轨道，所有机具都有相同的车轮轨道距离（左右车轮中心线的距离），以及所有的作业都具有特殊的作业幅宽（即，基本幅宽）或者是基本幅宽的整数倍。

图1－4表明了一个典型的具有播种、收获和喷药作业的固定道作业系统[18]，其基本幅宽（Base Module）为9m，化学喷药作业幅宽为基本幅宽3倍（27m），车轮轨道（3m track width）的距离是3m。

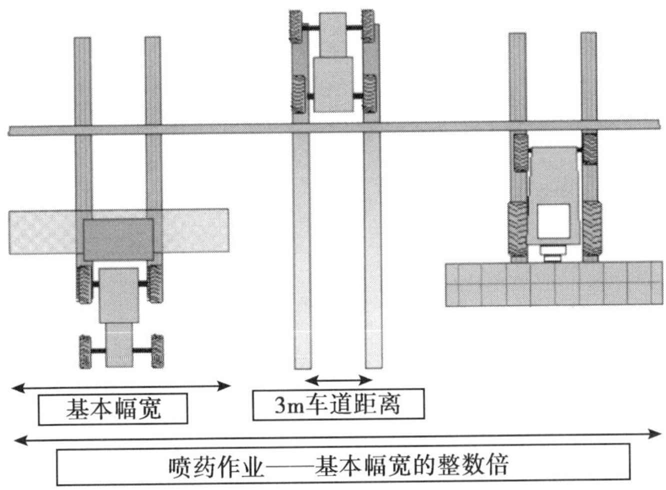

图1－4　固定道保护性耕作机具幅宽和轮距匹配

研究表明，固定道保护性耕作的主要优点是：①减少土壤压实，防止土壤侵蚀，改善作物生长区土壤结构，增加水分入渗，从而提高产量；②减小农具耕作阻力和改善车轮附着性能，提高作业效率，减少机器作业能耗；③进一步完善保护性耕作方式，实现真正意义上的少耕、免耕，形成新的可持续耕作体系；④有利于农田作业的精密化、自动化和发展设施农业[19～21]。固定道保护性耕作技术是一项高效节能、保土、增产的技术，有利于农业的可持续发展。

第二节　固定道保护性耕作的主要技术模式

固定道是一种作物生产体系，作物区与车辆行驶道路明显分开、永久分离。如果固定道作业时机具幅宽匹配困难，也会在车道内种上作物，称之为多幅宽固定道系统，这表明固定道作业系统仍处于初级阶段，仍然存在许多的挑战，如机器幅宽与固定道间距匹配、测量和整合等。

一、固定道喷药系统（Tramlines）

20 世纪中期，欧洲出现了“Tramlines”系统（意为“有轨作业”），并设计出了配套的 Dowler（1977）产品及其他门架式作业机（Gantry）。该系统发明的最初目的主要为沿车道（Tramlines）作业的高效宽幅喷药机提供导向，而不是出于保护土壤的目的，也不将车道与作物永久分离，Tramline 位置有可能在每年重新播种后有所变化，所以只能被看做是“相对固定”的车道。车辆行驶道一般不播种（图 1－5），但如果裸露车道上的土壤流失严重，有时也种植作物，称之为“模糊的”、“播种的”或“长草的”固定道（Fuzzy Tramlines）（图 1－6）[22]。

图 1－5　固定道喷药（Tramlines）

图 1－6　模糊固定道（Fuzzy Tramlines）

Paul Blackwell 等在澳大利亚西澳农业部试验了模糊固定道作业技术，表明该技术具有增加产量，控制杂草和侵蚀的优点。

模糊固定道作业技术的出现是源于一个意外的科学发现，它的概念来自于 1999 年的一次试验，在喷药作业时意外地将种子播在了行驶道上。随后将此项技术在更大范围内试验，种子通过一根位于框架或车轮前的种管从 800mm 高的地方通过气流吹到行驶道上，然后通过车轮将种子辗进表土。

Paul Blackwell 报道说，“行驶道上小麦的产量大约是其他车轮未压区域产量的一半”。虽然一半可能听起来不是很多，但这比没有产量要好。在西澳大利亚的砂质土壤能够正常实现这一技术，试验结果表明采用模糊固定道系统的整个农场具有更高的总产量利润，与行驶道不播种的作业系统相比，每公顷能增加 15 美元的收入。通过模糊固定道可以减少土壤侵蚀，并且模糊固定道的作业方式可以不需要进行车道的杂草控制。试验表明，模糊固定道耕作系统也存在问题，即与行驶道不播种相比，在进行气吹或撒播播种时，模糊固定道作业时相对较难。

二、固定道保护性耕作（Controlled Traffic Conservation Tillage）

机械化保护性耕作具有增加土壤蓄水、提高水分利用率、减缓土壤退化、降低成本投入等多种优点。机具压实破坏土壤结构，降低水分入渗性能，对保护性耕作的推广应用产生很大的负面影响。压实问题在国外高度机械化的大型农场尤其突出，严重地影响了播种、出苗及作物生长，我国普遍使用的中小型拖拉机及联合收获机等造成的压实也对作物生产有很大危害。为解决这一问题，需要探索新的保护性耕作体系，固定道耕作法有望成为解决这一问题的有效方法。

采用固定道作业法，车轮行走在固定的车道上，可以减少甚至避免对作物生长带土壤的压实，改善作物生长带的土壤物理性状；而且拖拉机只压实固定的车道，既可以增加附着力，也可以免去用于疏松被压实土壤的耕作作业，从而节省能量。固定道保护性耕作是保护性耕作的新发展，是以保护土壤、保证农业可持续发展为主要目标的，有别于前文所述的用于引导喷药作业的固定道喷药系统。

固定道保护性耕作法尤其在澳大利亚应用较广。10 多年前，澳大利亚保护性耕作发展遇到下述问题，发展速度明显下降，有些农民甚至又回到传统耕作。这些问题是：①土壤压实板结。保护性耕作实行免耕、少耕，但机器作业仍不断压实土壤、影响作物生长，不得不又进行耕作来消除压实，除一些砂质土壤外，真正意义上的免耕很难实行。②杂草难以控制。虽然有除草剂和喷雾机，但长满作物的大面积农田里、驾驶员不知机器如何行走。只能凭估计开车的结果是喷雾不重即漏，不仅浪费农药，而且除草灭虫效果不好。现在将保护性耕作和固定作业结合起来（图 1－7），按机器作业幅宽形成固定道作业体系，拖拉机沿固定道行驶即可，土壤压实问题、准确喷药问题都迎刃而解，实现真正意义上的免耕体系更有了基础。

图 1－7　澳大利亚固定道保护性耕作

在澳大利亚，目前有 6m、8m 和 9m 等不同幅宽固定道保护性耕作体系。如 8m 体系，即每 8m 幅宽内留 2 条宽 0.5m 车行道，车行道不种作物，如种小麦（20cm 行距），40 行中少种 4 行小麦，车道占地 10% 耕地，如种玉米、大豆（76cm 行距）基本不占耕地。主要机具有播种机、表土作业机、联合收割机，幅宽均为 8m，喷雾机幅宽为其倍数（如 24m）。在固定道系统内运用保护性耕作法，不仅克服保护性耕作带来的问题，而且把地块按固定道精密的规划，地块宽是幅宽的倍数，机手按道行驶，不存在接垄不好或播到最后只剩半个幅宽的问题，实现了一定程度上的精密作业。节约油耗 1/3 ~ 1/4，节省农药、除草剂及种子和肥料 10%，提高作业效率。

三、固定道垄作技术（Permanent Raised Beds Farming）

在降雨充足的地区，固定道作业法也称为“固定种床（Permanent Beds）”或“固定道垄作种床（Permanent Raised Beds）”，这种情况下固定道及机具幅宽比较小，利于种床水分快速入渗，是以节约灌溉用水、提高水分利用效率、有利排水、防治土壤盐碱化为主要目标的，也称为“固定道垄作沟灌节水技术”。

固定道垄作沟灌节水技术是相对传统平作、漫灌的一种新型耕作技术，其基本特征是采用沟灌和垄作，它要求并永久保持垄形，在下茬作物播种前，只对垄床进行少量修整，并可通过机械或化学除草、免耕和秸秆覆盖，达到节水、防涝、减少耕作和管理垄床表面残茬的目的。

固定道垄作沟灌节水技术的研究与应用最早开始于墨西哥西北部的雅基河峡谷（Yaqui Valley），在过去的 20 多年内，当地农民为了减少灌溉用水，提高水分利用率，逐渐改变了传统的作业方式，开始将作物种植在垄床上，并通过垄床之间的垄沟进行灌溉，取得了较好的效果。

其种植方式如图 1－8 所示：将作物种植在垄上，灌溉水通过垄沟分布于田间。垄间距为 70 ~100cm，视拖拉机轮距而定，垄上种植 2 ~3 行作物，垄高为 12 ~20cm。

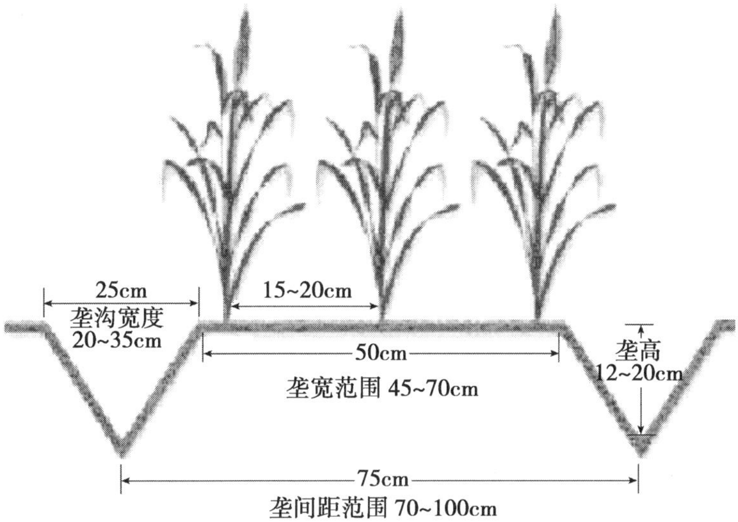

图 1 -8　固定道垄作沟灌节水技术种植方式示意图

固定道垄作沟灌节水技术与传统平作漫灌相比，其优点主要表现在以下几个方面：

①节约灌溉用水，提高水分利用率。固定道垄作沟灌节水技术由传统的大水漫灌改为小水沟灌，减少灌溉用水量约 30% ~40%，同时采用免耕和秸秆覆盖，减少了径流和蒸发，提高了水分利用率。

②提高了肥料利用率。固定道垄作沟灌节水技术为沟内集中施肥，使施肥深度相对增加 10 ~15cm，肥料利用率提高 10% ~15%。

③提高了光能利用率，降低了田间湿度。固定道垄作沟灌节水技术将土壤表面由传统平作的平面型改为波浪型，扩大土壤表面积 40% 左右，增加了光的截获量，光能利用率提高 10% ~15%。同时也提高了田间的通风透光性能，从而降低了田间湿度，减少了作物各种疾病的发生。

④减少水涝灾害。由于采用沟灌排水，提高了排灌效率，减少了雨季水涝灾害的发生。

⑤通过机械除草，减少对化学除草剂的依赖，减轻农业化学污染。

⑥降低作业成本。由于固定道垄作沟灌节水技术能降低灌溉用水，提高水分和肥料利用率，同时减少了涝灾次数，可降低作业成本。

⑦采用免耕和残茬覆盖，可以改善土壤的结构，增加有机质的含量，同时能减少对水和大气的污染，保护生态环境。

该项技术的缺点包括：

①垄形不稳定。降雨和灌溉对垄床表层及边坡有较大的冲击作用，易出现垄边水蚀现象，造成垄形的不稳定性。

②作物人工移植时相对传统平作需要更多时间。

③起垄和修垄时不易保证垄床表面的平整，使得播种不均匀，不利于管理和作物生长。

④垄沟中的杂草控制不易。

这项技术由于在节约灌溉用水，提高水分、肥料利用率和防涝等方面相对传统平作漫灌的作业方式表现出了巨大的优势，因而世界各国尤其是干旱和涝灾比较严重的发展中国家先后开展了固定道垄作沟灌节水技术的研究。到目前，固定道垄作沟灌节水技术的发展主要经历了以下两个阶段：

第一阶段：这一阶段固定道垄作沟灌节水技术的特点可概括为垄作、沟灌和传统耕作方式。作物种植在垄床上，通过垄沟进行沟灌作业。在每季作物收获后，秸秆通常被焚烧，只有一部分玉米和小麦的秸秆被打捆作为草料；同时，在下茬作物播种前，通过几项耕作作业去除原有垄床，并构建新垄。尽管采用了大量耕作，并且焚烧秸秆，但相对于传统平作漫灌作业，该技术可增产，节约灌溉水，减少作业成本。

第二阶段：这一阶段固定道垄作沟灌节水技术的特点可概括为固定垄作、沟灌和保护性耕作（少耕、免耕和秸秆覆盖等）。相对于第一阶段，该技术在继续采用垄作和沟灌的基础上，改变了传统的作业方式，开始将保护性耕作技术引入进来，采用免耕和秸秆覆盖作业，进一步降低了作业成本，提高了投入的利用率，保持了农业生产的可持续性。鉴于固定道垄作沟灌节水技术的以上特点，从 1992 年开始，国际玉米小麦改良中心（CIMMYT）的小麦专家和墨西哥的研究人员开始与农民合作，在雅基河峡谷开始了长期的试验研究。目前，此项技术已经在墨西哥、澳大利亚、印度恒河平原（印度、巴基斯坦、孟加拉国、尼泊尔）、中国、伊朗、吉尔吉斯斯坦、乌兹别克斯坦、南非、摩洛哥和苏丹等国逐渐推广。

通过国内外研究现状可以看出，固定道垄作沟灌节水技术作为一项高效的节水、保土、增产技术，在世界各国得到了广泛的重视。但由于目前固定道垄作沟灌节水技术在世界各国的发展仍面临着诸多挑战：

①由于自然和历史的原因，固定道垄作沟灌节水技术的研究主要集中在

发展中国家，而发达国家较少。固定道垄作沟灌节水技术的进一步发展在发展中国家相互交流合作的基础上，还需要得到发达国家的技术和资金的支持。

②固定道垄作沟灌节水技术的研究还只处于起步阶段，缺乏系统的理论研究，同时许多相关理论知识还不成熟，还需要大量的理论和试验研究工作。

③固定道垄作沟灌节水技术还有许多关键技术有待解决。如垄床的稳定性、杂草控制、秸秆覆盖地的免耕播种等。

④缺乏相应的播种、起垄、修垄、除草机具以及与之配套的动力机具。

⑤固定道垄作沟灌节水技术的推广还受到各国的经济、生产力水平、农民专业知识的掌握程度等因素的制约。

第三节　国外固定道保护性耕作技术研究现状

固定道耕作生产系统的产生是和土壤压实联系在一起的。所有农业机械生产体系下，机具行走是造成压实最重要的原因[23]。几乎所有类型的拖拉机和农机都会造成土壤压实[24]。土壤压实随机具作业次数增多而增加，第一次进地造成的压实最大[25]。小拖拉机在同一位置多次作业造成的压实大于大拖拉机一两次作业引起的压实[26]。

在农业机械化的早期，Lieutenaut Peter Alexander Halkett 于 1855 年提出了机械化固定道作业。他的“轨道系统（Guideway System）”建立在事先设立的轨道（rails）上，跨度达 9m。如图 1 - 9，该系统能用于“耕地、播种、锄地、灌水、收获等”，当种子播成精确直线后，其后续作业如锄地、修剪和浇水等就可以在种行之间进行，而不会对幼苗作物造成伤害。可以说，这是有记载的首次对固定道的尝试，而且令人惊讶的是，结合了许多至今我们都在努力追求的方向。

从 1850 年到 20 世纪中期，没有出现进一步的发展或更多的兴趣。欧洲人后来发明了“Tramlines”系统（只是为提高喷药的效率而设计）和 Dowler（1977）产品及其他门架式作业机。Dowler 最初只是被作为有轨（Tramline）作业的高效喷药机。

Cooper 等人 1969 年率先在棉花地开始进行了最初的固定道耕作试验研究[27]。起初研究固定道耕作生产系统的目的只是为了彻底消除车辆在作物带上行走所引起的土壤压实。Taylor（1994）在许多国家的多年研究基础

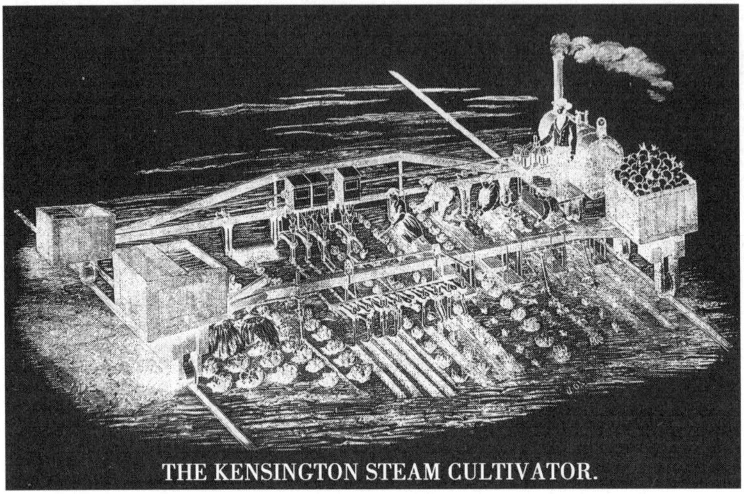

图 1－9　Halkett 提出的轨道系统（Guideway System）

上，提出了比较完整的固定道耕作概念及理论[28]，指出固定道系统将作物生长带和拖拉机行驶带分离开来，强调固定道生产系统是对土壤压实进行“管理”而不完全是“消除”，通过管理压实，改善农机具的附着性能和通过性，同时避免作物生长带的压实，为作物生长提供良好的环境。

一、澳大利亚[29～34]

澳大利亚从 1971～1991 年利用 20 年的时间在昆士兰州、西澳大利亚州和维多利亚州等地对固定道保护性耕作技术进行了早期研究，这些早期研究主要集中在大豆农业生产体系中水分的管理方面。20 世纪 90 年代后，维多利亚自然资源和环境部开始了大规模固定道保护性耕作技术的研究，主要包括固定道保护性耕作技术在棉花、甘蔗、水稻等农业生产系统中的应用研究。

20 世纪 80 年代，澳大利亚开始将固定道保护性耕作技术引入到棉花农业生产系统，多年的试验研究表明在棉花生产中采用固定道保护性耕作能改良土壤结构，减少作业成本，但增产效果不明显。为消除甘蔗生产过程中作业机具对土壤造成的严重压实问题，澳大利亚从 1993 年开始在甘蔗生产中对固定道保护性耕作技术进行系统试验研究，并大面积地推广这一技术，有效地消除了传统耕作方式甘蔗生长中土壤严重压实的问题，促进了甘蔗生产，并且突破了单季甘蔗生产的局限，使得一年生产两季作物成为可能。固定道保护性耕作在水稻生产中的应用使得一年种植两季作物成为可能，农户可有充分的时间来根据市场需求决定种植作物。同时，由于土壤结构的改善减少了机具作业阻力和改进了行走道的导向功能，固定道保护性耕作使得使用小型机具/拖拉机和精确播种成为可能。

到目前为止，澳大利亚是采用固定道保护性耕作最为成功的国家。在澳大利亚的几个干旱地区，固定道保护性耕作生产系统已得到较好推广。截至2003年，澳大利亚固定道保护性耕作技术推广面积已达100万 hm^2。种植的作物有棉花、玉米、小麦、绿豆、芸豆、番茄、高粱、马铃薯等。

针对机具配套这一固定道生产系统普遍存在的问题，澳大利亚设计了一系列的机具，进一步促进了技术的推广应用，如图1－10和图1－11。

图1－10　固定道播种机

图1－11　固定道喷药机

采用固定道的效益包括如下几方面：

①作业适时性　采用固定道作业，降雨后容易排出积水，农业机械可以尽快进行田间作业，通常可以提高水分利用率和作物产量。

②物质投入　固定道本身可以成为一种精确作业的导向系统，从而有利于减少作业的重叠和种子、肥料以及农药等的浪费。

③能量投入　即使不计减少耕作所节约的能量，固定道作业本身也可以减少机具能量消耗。采用固定道作业的澳大利亚农场主们已经减少了所使用的拖拉机马力，而且用油量也降低了50%。

二、欧洲[35~38]

欧洲的固定道保护性耕作主要是宽门架式机具（Gantry）为主的固定道系统（Tramlines），如图1－12。宽门架机具是指在一个宽幅的机架上安装播种部件、喷药部件、中耕部件等，组成宽幅作业机组。使用宽门架机具可以减少机具行走道的占地面积，提高土地利用率。

图 1 – 12　欧洲固定道保护性耕作宽门架式机具

英国研究人员在 1988 年就开始了固定道耕作系统理论的初步研究。2004 年，在机具制造商的资助下开始在农场进行系统的固定道耕作系统试验研究。2006 年，开始在农场推广。种植的主要作物为小麦和油菜。固定道耕作系统可以改善表土的结构，提高水分入渗。固定道生产系统促进生长带油菜和小麦的生长，产量与传统作业相持平。固定道系统推广存在的最大问题是缺乏配套的收割机。

丹麦的固定道保护性耕作系统为 Kemink system，综合了固定道保护性耕作、施肥和秸秆处理方式。多年的试验表明，该系统可以有效地改良土壤结构，提高土壤有机质含量。其存在的主要问题是杂草问题和缺乏配套机具的问题。

挪威的固定道保护性耕作处于起步阶段，主要应用于蔬菜生产。研究表明，固定道保护性耕作可以使蔬菜增产 15%，同时减少 20% ~50% 的 N_2O 排放量。

三、美国[39~41]

美国在 20 世纪 70 年代就开始了固定道耕作系统的研究，主要用于棉花农业生产系统，多年的试验研究表明，在棉花生产系统采用固定道保护性耕作可以改善土壤结构，虽然固定道耕作方式浪费了一定的土地，但是可以通过改良土壤和边行效应补偿提高产量。相对于传统的作业方式，固定道保护性耕作系统是最为经济的作业系统。随着技术的发展，固定道保护性耕作技术逐渐应用到棉花、小麦、大豆等作物种植中。为解决固定道保护性耕作作业精度问题，GPS 系统大量用于固定道保护性耕作作业系统。机具的配套问题，尤其是收获机和播种机械间的匹配是固定道保护性耕作推广的一大问题。

四、其他国家

以色列的研究表明，固定道保护性耕作系统非常适合土壤有机质含量低、结构差、易被压实的半干旱的亚热带。采用固定道保护性耕作生产系统可以使棉花、小麦和蔬菜增产 10% ~15%，提高块根或球茎作物质量。

新西兰的固定道保护性耕作技术还处于起步阶段，只有一个农场完全采用固定道保护性耕作系统，其他一些北部岛屿的农场只是部分采用了固定道保护性耕作系统。机具配套、作业精度和农业技术人员对技术的理解和认知程度是限制该技术推广的三大因素[42]。

除上述国家外，其他一些发展中国家通过与国际玉米小麦改良中心、澳大利亚国际农业研究中心的合作，逐渐引进固定道保护性耕作技术并开始了相应的研究。这些国家的研究也表明固定道保护性耕作技术是一项节能、保土、增产的技术，有利于农业的可持续发展。

第四节　国内固定道保护性耕作的研究基础

由于作物种植行距不同、以中小马力机具为主要特点，使我国固定道保护性耕作的研究有别于发达国家的大型机具高度农业机械化生产体系。

中国农业大学农业部保护性耕作研究中心自 1995 年起，首先研究了中小机具各项作业机具对土壤压实破坏情况，研究表明，中小机具的压实也不容忽视。随后，探索试验了中小机具条件下的固定道保护性耕作体系，对固定道保护性耕作的几项子技术进行了研究。

一、北方一年一熟区固定道保护性耕作试验

1997 年，针对机具压实破坏土壤结构，降低水分入渗性能，影响作物生长，阻碍少耕、免耕技术推广的问题，中国农业大学在澳大利亚国际农业研究中心（ACIAR）的资助下，与澳大利亚昆士兰大学、山西省农机局合作，在山西临汾市和寿阳县开始了一年一熟区固定道保护性耕作的试验研究。研究结果表明，固定道作业能够减轻作业机械对土壤的压实程度和范围，保持良好的土壤结构，提高产量；提高机组作业效率，降低能耗，降低成本[43,44]，从而促进该地区农业的可持续发展。

根据固定道耕作系统的要求，加宽拖拉机，降低固定道占地面积；设计了配套的固定道保护性耕作小麦免耕播种机，可以实现固定道和普通平作非固定道通用作业；配套了相应的固定道收获机械。

在进行固定道保护性耕作研究的同时，进行了固定道相关的机理研究。李汝莘（1998）[45]研究了固定道保护性耕作的增产机理，指出了土壤压实影响

小麦播种质量、生长状况以及产量，固定道保护性耕作有明显的增产作用；固定道保护性耕作减少土壤压实，大大减少了拖拉机的滚动阻力，从而降低作业能耗。杜兵（1999）[46]对比了压实对开沟器牵引力的影响，试验结果显示，固定道耕作下，牵引力减少40%。李洪文（2000）[47]等对小麦、玉米两年固定道保护性耕作技术的研究结果表明，固定道保护性耕作在不减产的同时可以减轻压实，改善土壤结构，减少径流，尽管固定道占地20%，作物的边际效应补偿了产量，因而产量增加。王晓燕（2000）[48]研究了免耕覆盖下轮胎压实对土壤水分入渗和地表径流的影响，指出轮胎压实能够破坏土壤结构，使土壤容重增大，降低入渗性能，机器越重，压实影响的深度越大。小拖拉机的压实深度在10cm以内，而中型拖拉机的压实深度可以达到20cm以上。陈浩（2007）[49]分析了多年固定道保护性耕作对土壤有机质和作物产量的影响。结果显示，固定道保护性耕作显著改善土壤结构，提高土壤有机质含量，从而提高作物产量，可以有效地解决黄土高原地区土壤退化问题。

二、北方一年两熟区固定道保护性耕作试验

2005年农业部保护性耕作研究中心与北京市农业局、大兴农机研究所合作，首次在我国华北一年两熟区进行了固定道保护性耕作的系统试验研究。研究分析了固定道保护性耕作技术的节能机理；固定道保护性耕作技术的改善土壤结构，提高水分利用效率的作用；分析了固定道保护性耕作在该地区的经济效益和能量利用效率，评价了一年两熟区采用固定道保护性耕作技术的可行性。

研究结果表明：固定道保护性耕作通过区分生长带和机具行走道，管理田间压实，显著降低机组作业的总阻力，从而降低机具田间作业的油耗，减少拖拉机尾气排放。在华北一年两熟区，固定道保护性耕作技术改善土壤结构，保护生态环境，改善水分利用效率，提高农业经济效益，提高能量利用效率，能适合该地区的自然和农艺条件。针对固定道缺乏配套免耕播种的问题，根据固定道避茬作业原理，结合动力驱动防堵机构，解决了固定道保护性耕作下小麦免耕播种的问题，研制了小麦—玉米通用固定道免耕播种机。田间试验表明，该机播种质量满足固定道保护性耕作农艺要求，能够实现一机两用。

三、西北绿洲灌溉区固定垄保护性耕作试验

自2004年起，农业部保护性耕作研究中心在澳大利亚国际农业研究中

心（ACIAR）的资助下，为了研究我国西北灌溉农业区固定道保护性耕作促进作物生长，增加产量，改良土壤结构，提高经济效益等效果，在河西走廊张掖市建立了固定垄保护性耕作试验区，开始了系统的固定道保护性耕作的试验研究，探索了固定垄节水灌溉技术模式及配套的中小型农机具，初步证明此项技术在当地具有良好的经济和环境效益。

四、东北垄作区固定垄保护性耕作试验

在国家十一五支撑计划“现代化农业与机械化耕作技术研究与示范”项目“垄作区保护性耕作技术研究与示范”课题的支持下，中国农业大学农业部保护性耕作研究中心开始研究东北地区的垄作保护性耕作技术模式及机具，以及采用该技术模式所能带来的综合效益。

主要内容包括：垄作区保护性耕作机械化作业工艺与模式研究；垄作机械化保护性耕作技术应用效果试验示范。研究适合我国中小地块的垄作机械，解决垄台修复、对垄精确除草、施肥等关键技术问题。

综上所述，中国农业大学农业部保护性耕作研究中心在国家十一五支撑计划、国际合作项目及北京市项目的资助下，已经在国内开展了固定道保护性耕作的初步探索性研究，初步证明了固定道保护性耕作在中国中小机具条件下的适用性，研究已经从北方一年一熟旱作区拓展到华北一年两熟区、西北绿洲灌溉区和东北垄作区等。

本书接下来的章节中将重点介绍农业部保护性耕作研究中心自 1997 年开始在北方不同类型区开展的固定道保护性耕作体系的研究实践和取得的成果，供广大保护性耕作技术研究人员、技术推广人员等参考。

主要参考文献

[1] Soane B. D. , van Ouwerkerk C. Soil compaction problems in world agriculture. In：Soil Compaction in Crop Production，Elsevier Science（1994），pp. 1 ~ 21.

[2] McGarry D. Soil compaction and cotton growth on a vertisol. Australian Journal of Soil Science，1990，28：867 ~ 877.

[3] Carder J. , Grasby J. A. Framework for regional soil conservation treatments in the medium and low rainfall agricultural district. Department of Agriculture，Western Australia，Research Report 1/86，pp，120.

[4] Akker J. J. H. , Canarache A. Two European concerted actions on subsoil compaction. Landnutzung und Landentwichlung，2001，42：15 ~ 22.

[5] Tullberg J. N. Why control field traffic. In：Proceedings of Queensland Department of Primary Industries Soil Compaction Workshop. Toowoomba：Queensland University，1990.

[6] Raper R. L.，Reeves D. W. Burt，E. C. Conservation tillage and traffic effects on soil condition. Trans. of the ASAE，1994，37（3）：763～768.

[7] Hilfiker R. E.，Lowery B. Effect of conservation tillage systems on corn root growth. Soil and Tillage Research，1988，12（3）：269～283.

[8] Lamers J. G.，Perdok U. D.，Lumkes L. M. Controlled traffic farming systems in the Netherlands. Soil and Tillage Research，1986，8：65～76.

[9] Voorhees W. B. Soil compaction——our newest natural resource. 1［effects of wheel traffic on erosion］. Crop and Soils（USA），1977，29（5）：12～15.

[10] Brown H. J.，Erbach R. M.，Melvin S. W. Tractive device effects on soil physical properties. Soil & Tillage Res.，1992，22：41～53.

[11] Wilkerson J. B.，Tompkins F. D.，Wilhelm L. R. Microprocessor-based，tractor-mounted soil cone penetrometer. ASAE Paper，1982，No. 82－551.

[12] Kahnt G. Effect of homogeneous and heterogeneous soil compaction on shoot and root growth of field bean and soybean. Journal of Agronomy and Crop Science，1986，157（2）：105～113.

[13] 杜兵，周兴祥．节约能耗的固定道耕作法．中国农业大学学报，1999，4（2）：63～66.

[14] Tullberg，J. N. Controlled traffic in Australia. In：Proceedings of National Controlled Traffic Conference. Gatton：Queensland University Gatton College，1995，7～11.

[15] 李洪文，高焕文，陈君达，等．固定道保护性耕作的试验研究．农业工程学报，2000，16（4）：73～77.

[16] Taylor J. H. Benefits of permanent traffic lanes in a Controlled Traffic crop production system. Soil & Tillage Res，1983，3：385～395.

[17] Taylor J. H. Controlled traffic：A soil compaction management concept. Soc. of Automotive Engr. Trans. 1986，95（3）：1 090～1 099.

[18] http：//www. controlledtrafficfarming. com/CTFWhatIsCTF. html.

[19] Chamen W. C. T. New methodology for weed control and crop production：controlled traffic，precision guidance and direct seeding. In：Proceedings of the Fourth European Weed Research Society Workshop on Physical Weed Control，Elspeet，The Netherlands，20～22 March 2000.

[20] Tullberg J. N.，Ziebarth P. J.，Li Y. X. Tillage and traffic effects on runoff. Australian Journal of Soil Research，2001，39：249～257.

[21] Wang X. Y.，Li H. W.，Gao H. W.，et al. Controlled traffic conservation tillage using small to middle Sized machinery in China. In：Proceedings of SPIE - the International So-

ciety for Optical Engineering, v 5884, Remote Sensing and Modeling of Ecosystems for Sustainability II. 2005, 1 ~ 12.

[22] Paul Blackwell and Maurice Black. Crop Updates - Fuzzy tramlines for more yield and less weeds. http: //www. agric. wa. gov. au/PC_ 90979. html? s = 1001.

[23] Wood R. K. , Reeder R. C. , Morgan M. T. , et al. Soil physical properties as affected by grain cost traffic. ASAE Paper, 1991, No. 91 – 1089.

[24] Heta E. J. Soil compaction potential of tractors and other heavy agricultural machines used in Chile. Agricultural Mechanization in Asia, Africa and Latin American, 2001, 32: 38 ~ 42.

[25] Bakker D. M. , Davis R. J. Soil deformation observations in a Vertisol under field traffic. Australian Journal of Soil Research, 1995, 33: 817 ~ 832.

[26] Jorajuria D. , Draghi L. Sobrecompactacion del suelo agricola. Parte I: imfluencia diferencial del peso y del numero de pasadas. Revista Brasileira de Engenharia Agricola e Ambiental, 2000, 4: 445 ~ 452.

[27] Cooper A . W. , Trouse A. C. , Jr. , ad Dumas, W. T. Controlled traffic in row crop production. Proc. of Int. Cong. of Agric. Engr. , 1969, Section III, Theme 1, 1969. pp. 1 ~ 6.

[28] Taylor J. H. Controlled traffic: A soil compaction management concept. Soc. of Automotive Engr. Trans. 1986, 95 (3): 1 090 ~ 1 099.

[29] Peries R. , Bluett C. , Wightman, B. , Rab, A. Raised bed cropping in southern Victoria – a snapshot of a productive and sustainable option for waterlogging prone soils. Proceedings of the 12th Australian Agronomy Conference, Brisbane 26 Sept. – 01 Oct. 2004.

[30] Robotham B. G. Why the Australian sugar industry must adopt controlled traffic and minimum tillage. BSES Bulletin, 2003, 82: 14 ~ 16.

[31] Hulugalle N. R. , Weaver T. B. , Scott F. Continuous cotton and a cotton-wheat rotation effects on soil properties and profitability in an irrigated Vertisol. Journal of Sustainable Agriculture, 2005.

[32] Bruce W. , Renick P. , Chris B. , et al. Permanent raised bed cropping in southern Australia. In: Evaluation and Performance of Permanent Raised Bed Systems in Asia and Australia, Griffith, Australia, 2005.

[33] Rajinder S. , Geoff B. Economic assessment of lateral permanent raised beds for rice-based farming systems in Australia. In: Evaluation and Performance of Permanent Raised Bed Systems in Asia and Australia, Griffith, Australia, 2005.

[34] Radford B. J. , Bridge B. J. , Davis R. J. , et al. Changes in the properties of a Vertisol and responses of wheat after compaction with harvester traffic. Soil and Tillage Res. ,

2000, 54: 155 ~ 170.

[35] Chamen W. C. T., Vermeulen G. D., Campbell D. J., et al. Reduction of traffic-induced soil compaction by using low ground pressure vehicle, conservation tillage, and zero traffic systems. Proc. of ISTRO, 11th Int. Conf., Vol. 1, 1988: 227 ~ 232.

[36] Hadas A. Controlled traffic research in Israel. Acta Horticulturae, 1987, (210): 43 ~ 47.

[37] Hamza M. A., Anderson W. K. Soil compaction in cropping systems: A review of the nature, causes and possible solutions. Soil and Tillage Research., 2005, 82: 121 ~ 145.

[38] Tim Chamen. An introduction to CTF at Unilever R&D Colworth. Controlled traffic farming workshop in Colworth, UK, 2008.

[39] Williford, J. R. A. controlled-traffic system for cotton production. Transaction of the ASAE, 1980, 23: 65 ~ 70.

[40] Dumas W. T., Trouse A. C., Jr. Smith L. A., et al. Traffic control as a means of increasing cotton yields by reducing soil compaction. 1975.

[41] Raper R. L. Agricultural traffic impacts on soil. Journal of Terramechanics, 2005, 42: 259 ~ 280.

[42] Andrew Barber and Glenys Pellow. Energy Use and Efficiency Measures for the New Zealand Arable and Outdoor Vegetable Industry. Climate Change Office and Energy Efficiency and Conservation Authority, 2005.

[43] 杜兵，周兴祥．节约能耗的固定道耕作法．中国农业大学学报，1999，4（2）：63 ~ 66.

[44] 李洪文，高焕文，陈君达，等．固定道保护性耕作的试验研究．农业工程学报，2000，16（4）：73 ~ 77.

[45] 李汝莘．旱地保护性带状耕作增产节能机理及试验装备研究［D］．北京：中国农业大学，1998.

[46] 杜兵，周兴祥．节约能耗的固定道耕作法．中国农业大学学报，1999，4（2）：63 ~ 66.

[47] 李洪文，高焕文，陈君达，等．固定道保护性耕作的试验研究．农业工程学报，2000，16（4）：73 ~ 77.

[48] 王晓燕，高焕文，李玉霞，等．拖拉机轮胎压实对土壤水分入渗与地表径流的影响．干旱地区农业研究，2000，18（4）：57 ~ 60.

[49] Chen Hao, Bai Yuhua, Wang Qingjie, et al. Traffic and tillage effects in wheat production on the Loess Plateau of China: 1. Crop yield and SOM. Australian Journal of Soil Research, 2008.

第二章　北方一年一熟区固定道保护性耕作研究

中国农业大学在澳大利亚国际农业研究中心（ACIAR）的资助下，与澳大利亚昆士兰大学、山西省农机局合作，1997 年开始在山西临汾市和寿阳县建立定点试验区，分别开展了冬小麦和春玉米一年一熟固定道保护性耕作体系的试验研究，探索在中小机具条件下固定道保护性耕作的效果，如土壤物理性状和作物产量等，并研究了固定道作业相关机具的改装、固定道的建设与维护等问题。

第一节　一年一熟区固定道保护性耕作技术模式设计

一、试区自然条件

1. 冬小麦

试区设在北方半湿润偏旱区的山西省临汾市城隍乡。海拔高度 360 ~ 500m；年平均气温为 12℃，年 ≥10℃ 积温为 4 100℃；年平均降水量为 380 ~ 553mm；最高的年降水量达 799. 9mm；最低的年降水量为 278. 5mm；侵蚀模数 <400t/（km^2・年）；降水集中于 6 ~ 9 月，占年降水量的 67. 6%，年蒸发量为 1 800mm，蒸发量为降水量的 2 倍以上。由于降水少而不匀；加上土壤水分蒸发强烈，常发生春旱和伏旱，严重影响冬小麦生产。

2. 春玉米

试区设在北方半湿润偏旱区的山西省寿阳县景尚乡。位于东经 113°12′，北纬 37°45′，海拔 1 000 ~ 1 200m。属半干旱大陆性季风气候，全年无霜期平均为 130 天左右，年平均气温 7. 4 ℃，年降水量为 518. 3mm，年蒸发量为 1 675mm。当地降水量年际变化较大，1956 ~ 1978 年的 22 年中最高值达 812. 2mm，最低值为 235. 5mm；降雨量年内分布亦不均匀，集中在 7 月、8 月、9 月 3 个月，占全年降水量的 62. 9%；而且多有强度大历时短的暴雨，全县水土流失面积占耕地总面积的 58%，土壤侵蚀模数为 20 ~ 40t/（hm^2・年）[7]，多年冲刷，形成沟壑纵横的地形。当地严重缺水，无灌溉条件，利用有限的自然降水是当地农业生产的关键。

该地区是一年一熟旱作春玉米种植区。供试土壤为黄土母质石灰性淡褐土，土体深厚，一般十几米，有的可达几十米，质地均匀，耕作层质地轻壤，中下层轻壤—中壤。

二、技术模式设计

1997 年 9 月在临汾市城隍乡建立了冬小麦试区，总面积为（42 × 120）m^2。为减少土壤肥力和结构状况以及地表不平度的影响，在布置试区前进行了均质化的翻耕处理。1997 年 10 月玉米收获后在寿阳县景尚乡建立了春玉米试区，全长 436m，总面积 8 160m^2，试验小区实用面积 3 720m^2。

小麦和玉米的固定道系统示意图如图 2－1。

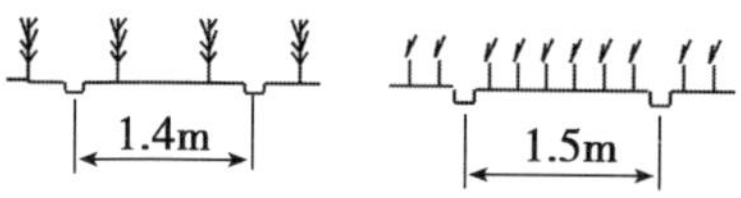

（1）玉米　　（2）小麦

图 2－1　一年一熟区固定道示意图

玉米种植行距 0.7m，所用拖拉机为 TN－55 中型拖拉机，拖拉机轮距调整为两个行距宽 140cm，每两条固定道之间种植两行玉米。

小麦种植行距为 20cm，所用拖拉机为轮距经过加宽的 15 马力拖拉机，加宽后的轮距为 150cm，两条固定道之间种植 6 行小麦，固定道宽 30cm，占总面积的 20%。

1. 冬小麦固定道模式及工艺体系

（1）试验方案设计　试验共设 4 种主处理、5 次重复。每个处理宽为 4.5m（每个播幅 1.2m + 固定道 0.3m），4 种处理则区组宽度为 18m，5 次重复后试验区共有 60 条固定道，总宽为 90m，长度为 30m。在此基础上，又增设了传统翻耕（CK）对照处理。

① NTCN—免耕覆盖不压实

播种（9 月）—喷除草剂和叶面肥（根据杂草生长情况在播后及春季返青后进行）—收获（来年 6 月）—秸秆粉碎（收获后杂草长到 10cm 左右时进行，以便同时完成一次除草作业）—休闲期除草（根据杂草生长情况进行）。

② NTCC—免耕覆盖压实

播种（9 月）—喷除草剂和叶面肥（根据杂草生长情况在播后及春季返青后进行）—收获（来年 6 月）—压实（用铁牛-65 拖拉机全面压实一次）—秸秆粉碎（收获后杂草长到 10cm 左右时进行，以便同时完成一次除草作业）—休闲期除草（根据杂草生长情况进行）。

③ STCN—浅松覆盖不压实

播种（9 月）—喷除草剂和叶面肥（根据杂草生长情况在播后及春季返青后进行）—收获（来年 6 月）—秸秆粉碎（收获后杂草长到 10cm 左右时进行，以便同时完成一次除草作业）—休闲期除草（根据杂草生长情况在播后及春季返青后进行）—播前浅松。

④ STNN—浅松不覆盖不压实

播种（9 月）—喷除草剂和叶面肥（根据杂草生长情况在播后及春季返青后进行）—收获（来年 6 月）—人工将收获后地表的浮秆清出 —休闲期除草（根据杂草生长情况进行）—播前浅松。

⑤ CK—传统翻耕

播种（机播、9 月）—耙地除草和喷叶面肥（春季返青后进行）—收获（来年6 月）—翻耕 —休闲期除草（机械除草）—播前浅耕、耙耱整地。

压实处理，是指在作物收获后，用拖拉机轮胎将地表全部压实一次，相当于全年拖拉机对土壤的压实量。利用自行研制的浅松机进行浅松作业，松土深度为 10cm。

（2）作业机具

免耕播种机　使用专为固定道作业所设计的 2BMF-6 型小麦免耕播种机，其结构特点是：采用整体仿形，尖角形开沟器，种肥垂直分施，地轮驱动排种、排肥，地轮采用单臂固定，可根据需要将地轮安装在机架外侧（两地轮中心线相距 1.5m，适应在固定道上行走）或安装在机架内侧（适应在其他地块播种，防止地轮压已播行，提高机具的利用率）。

喷药机　一般利用背负式小型喷雾机完成喷除草剂作业。

收获　在试验的前两年，采用人工收获方式，即在收获时人工站在固定道上，手工收割，运到地头进行脱粒，脱粒后的秸秆再运回田间覆盖，从第三年开始购置了小型背负式小麦联合收割机（4GL-130 型秦丰麦稻收割机），割幅 1.3m，满足 1.2m 的作物生长区收获需要。

秸秆处理　一是将浅松不覆盖不压实处理试验小区联合收割机收获后的浮秆清出地表；二是对秸秆进行粉碎，但由于没有适合固定道的秸秆粉碎机，故一直未进行秸秆粉碎作业。

压实　用铁牛-65 拖拉机进行全面压实。

浅松　用由两个大箭铲组成的小型浅松机在播种前进行浅松。

浅松机主要由两个宽翼铲和两个带横齿的镇压轮组成，其中一个翼铲宽 55cm，另一个宽 60cm（图 2 –2），构成 1.15m 的工作幅宽。通过采用不同的翼宽，实现了两铲之间无漏耕区。带横齿的镇压轮在平土的基础上，增加了碎土功效，使浅松作业后的地表非常平整。

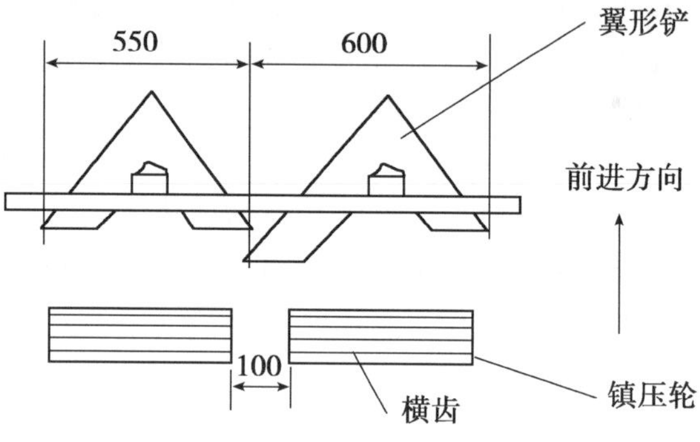

图 2－2　浅松机示意图

动力机　免耕播种、收获、浅松等作业均采用丰收-18 小四轮拖拉机作为主机。为适应固定道作业，对原拖拉机进行了轮距加宽（1.5m）的改装，改装是在后轮处加工安装了两个法兰盘，并将两后轮对调，这样可达到两后轮轮距为 1.5m；前轮轮距加宽是通过在前桥转向节立轴与前轴连接处加一连接板、并在转向拉杆上加装一节连接套管来实现，这样，前轮轮距也可达到 1.5m。这种改装的优点是：需要时可加宽轮距，在固定道上进行作业，不需要时，则可简单地将拖拉机复原，满足在其他条件下的作业要求。

机具固定道作业及冬小麦生长情况如图 2－3、图 2－4、图 2－5 和图 2－6。

图 2－3　固定道冬小麦免耕播种

图 2－4　固定道浅松作业

图2-5　固定道保护性耕作冬小麦

图2-6　固定道保护性耕作冬小麦收获

2. 春玉米固定道模式与工艺体系

（1）试验方案设计

试验设3因子（A、B、C），2水平（1、2）：

1）地表耕作因子：免耕（A_1）、浅松（A_2）；

2）秸秆覆盖因子：有秸秆覆盖（B_1）、无秸秆覆盖（B_2）；

3）机具压实因子：全面压实（C_1）、无压实（C_2）。

试验共设4种处理、5次重复。4种处理为：

① 免耕覆盖不压实（NTCN）　秋季收获后将秸秆留在地表，春季免耕播种；

② 免耕覆盖压实（NTCC）　收获后将秸秆留在地表，用铁牛-55拖拉机压实土壤，春季免耕播种；

③ 浅松覆盖不压实（STCN）　收获后将秸秆留在地表，春季播前浅松，松土深度5～10cm；

④ 浅松不覆盖不压实（STNN）　收获后移走秸秆，春季播种前浅松，松土深度5～10cm。

另外增设了传统翻耕对照处理：

⑤传统翻耕（CK）　秋季收获后移走秸秆，翻耕15cm左右，春季播种前耙耱整地，播种。

其中无压实处理即为固定道作业下的少耕（STCN、STNN）和免耕（NTCN）。压实处理为模拟机具行走作业产生的压实。在作物收获后，用拖拉机将地表全部压实一次，相当于全年拖拉机对土壤的压实量。覆盖全部采用粉碎秸秆覆盖地表。

各处理分组对比如下：

CK 与 NTCN、STCN 对比，分析保护性耕作相对于传统耕作的效果；

NTCC 与 NTCN 对比，分析免耕覆盖条件下压实因素的影响；

STCN 与 STNN 对比，分析浅松不压实条件下覆盖因素的影响；

STCN 与 NTCN 对比，分析覆盖不压实条件下耕作因素的影响；

主要测试项目有：播种至出苗的地温，播种和收获时的土壤水分、容重，残茬覆盖率，地温、出苗、作物生长状况及产量。

每一处理的布置：每个处理宽为 5. 6m，两个播幅（每个播幅 2. 8m，玉米种植行距 0. 7m，拖拉机轮距调整为两个行距宽 1. 4m），每两条固定道之间种植 2 行玉米，共 8 行作物，4 条车道，如图 2 －7。

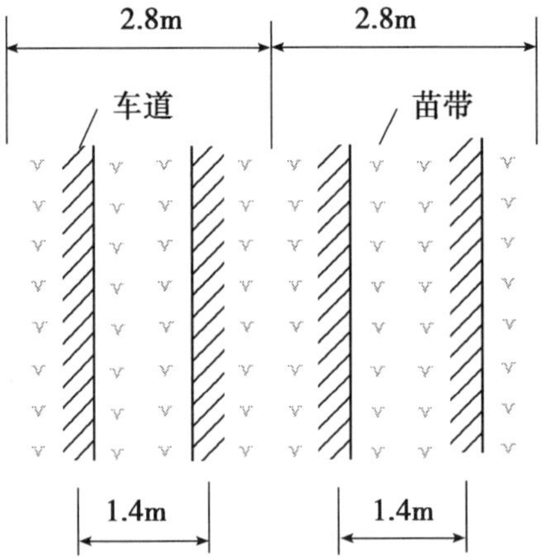

图 2 －7　春玉米固定道位置

（2）*作业机具及其改进*　选用轮距为 1. 5 m 的 TN-55 中型拖拉机与 4 行玉米免耕播种机配套，用 TN-55 拖拉机进行压道、压实及秸秆粉碎等作业。

1. 玉米免耕播种机

选用中型玉米免耕覆盖施肥播种机 2BMQF-4，并对其进行改进，该机为与 55 马力轮式拖拉机配套的 4 行气吸式免耕播种机。

具体改进内容如下：

① *开沟器及导种管的改进*　原开沟器柄和导种管为折线型，现将其改成直柄式开沟器和导种管。改进后的结构具有 2 个优点：由于改成直柄式开沟器，增大了开沟器柄同限深切草轮之间的空间距离，从而增大了开沟器和限深轮之间的残茬可流通量，减少残茬堵塞现象；导种管成直线型后，使种子输送更加畅通，减少了导种管的堵塞，同时宜于保证播深。

②轮齿式防堵装置　轮齿式防堵装置示意图见图2－8。其工作原理是，通过拨草轮的转动，不断地拨动堆积在开沟器前的残茬，使其随开沟器的移动流向开沟器的两边。拨草轮的驱动采用了两种形式：动力驱动：通过气吸式风机传动皮带轮轴传递动力，驱动拨草轮，为了保证拨草轮具有一定的转速和转动方向，设计了变速传动机构和使用了万向连轴节，但由于现行播种机结构的限制，使得变速系统工作不佳，拨草轮工作效果不好；无动力驱动：拨草轮的转动靠拖拉机的前进速度和轮齿与地表的摩擦来实现，试验结果表明，地表秸秆覆盖量在400～500kg/亩时，拨草轮的排堵效果仍然较好。

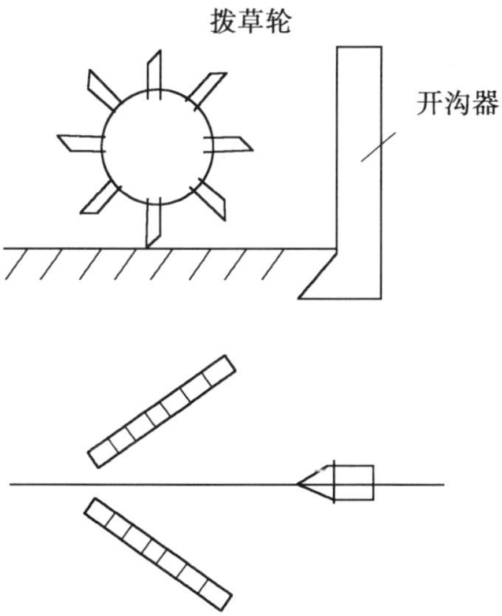

图2－8　轮齿式防堵装置

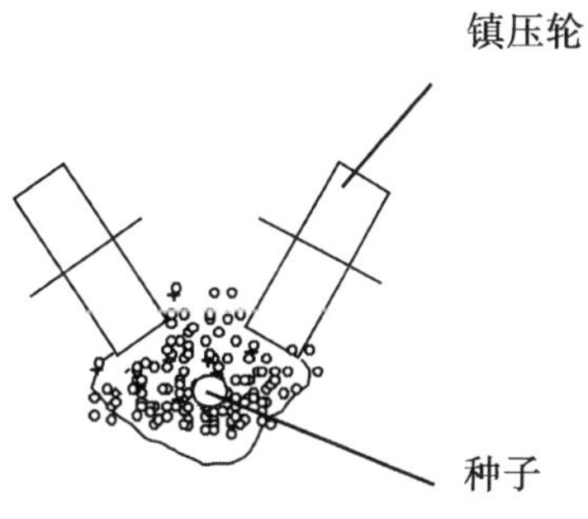

图2－9　“V”型镇压轮示意图

③采用“V”型镇压轮　“V”型镇压轮如图2－9所示。这种结构的特点是，镇压后种子两侧土壤得到较好的压实，而种子上方的土壤较疏松，有利于提高种床的地温，是解决播春玉米时，由于地温低而影响出苗的措施之一。

④将排种器由气吸式精密排种器改为机械水平圆盘式精密排种器　如图2－10所示，改为机械水平圆盘式精密排种器，相应的传动系统也进行改动。排种器改换的主要原因是，气吸式故障较多，对驾驶员的技术水平要求高，动力需求大，成本高。改为机械式以后，能克服上述缺点，降低成本10%左右。经测定本机采用的机械水平圆盘精密排种器的破籽率在1%以下。改进后的整机重量降低了50kg。

2. 中型玉米浅松机的研制

研制了大箭铲式中型玉米浅松机（图2－11），在播种前进行浅松。

图2－10　2BQMF-4D 玉米免耕播种机

图2－11　大箭铲式浅松机

3. 秸秆处理

为防止冬季大风将秸秆吹走，并造成风蚀，每年秋季收获后保持秸秆直立或人工将整秆踩倒，第二年春季播种前用中型秸秆粉碎机粉碎，然后进行浅松、播种作业。

第二节　冬小麦固定道保护性耕作试验效果

一、土壤水分和容重

1. 不同处理的土壤水分含量分析

土壤水分是旱地耕作条件下作物产量的主要限制因子。旱地耕作条件下土壤水分含量的多少主要取决于两个方面的因素：一是降雨的多少，一般条件下，亩产250～300kg水平的小麦，一生的总需水量为250～380m^3/亩(375～570mm)。小麦根系能吸收利用0～100cm土层内的水分，但其中吸收利用最多的是0～50cm土层的水分，约占小麦全生长期总需水量的70%～80%，其余水分靠50cm以下的土层供给。因此0～50cm土层贮水量的多少，与小麦生长发育及产量高低关系最为密切。从典型的旱地小麦种植区——临汾多年的降雨统计结果（表2－1）可以看出，年降雨量在320～570mm之间，基本符合当地气象部门多年历史记录的370～550mm。

表 2-1　临汾城隍乡 1992.6~2002.6 降水量　(mm)

年份	冬小麦休闲期*	冬小麦生育期*	全年降水量(mm)	降水状况**	休闲期降水量占全年降水量(%)
1996.6~1997.6	399.1	175.1	574.2	丰水年	69.5
1997.6~1998.6	162.2	197.5	359.7	特旱年	45.1
1998.6~1999.6	364.1	67.6	431.7	干旱年	84.3
1999.6~2000.6	250	78.1	328.1	特旱年	76.2
2000.6~2001.6	274	168.5	442.5	干旱年	61.9
2001.6~2002.6	280.3	137	417.4	干旱年	67.2
平均	288.3	137.3	425.6		67.4

*冬小麦休闲期指每年6月中旬至9月中旬；冬小麦生育期指每年9月中旬至次年6月上旬。

**降水状况以能适合于大多数作物生长发育所需要的年降水量为500mm作标准。将超过年雨量500mm的10%范围以内的降水年份称为正常年或平水年；而大于此值10%以上的降水年份称为丰水年；将小于此值10%以内的年份称为干旱年；小于此值20%以上的称特旱年。

1997~2002年，不同试验处理的播种前和收获后土壤含水率和贮水量数据，如表2-2和表2-3。

表 2-2　试验期不同处理不同土层的土壤水分含量　(%)

年份	处理	6月收获后各层土壤水分含量					9月播种前各层土壤水分含量				
		0~10	10~30	30~60	60~100	100~150	0~10	10~30	30~60	60~100	100~150
1997	NTCN						13.78	16.05	14.92	9.48	8.01
	NTCC						13.42	15.13	14.13	8.81	8.54
	STCN						12.28	15.86	14.16	9.47	8.76
	STNN						12.21	14.59	12.93	9.24	8.35
	CK										
1998	NTCN	14.49	16.07	13.16	8.49	9.18	19.31	19.49	17.58	17.20	17.36
	NTCC	15.57	16.23	13.09	8.90	9.05	19.06	18.98	16.38	17.29	17.25
	STCN	14.40	15.74	13.04	8.76	9.02	19.64	19.25	17.24	17.79	17.18
	STNN	12.76	14.65	11.66	8.13	8.28	19.27	21.41	16.70	17.07	16.85
	CK						19.25	19.13	17.90	18.74	18.16

（续表 2－2）

年份	处理	6 月收获后各层土壤水分含量					9 月播种前各层土壤水分含量				
		0～10	10～30	30～60	60～100	100～150	0～10	10～30	30～60	60～100	100～150
1999	NTCN	6.93	7.51	9.35	10.28	10.05	19.36	20.52	18.17	16.01	12.55
	NTCC	6.09	7.11	8.37	9.62	9.68	19.09	19.06	17.11	14.22	12.19
	STCN	6.69	7.44	8.59	9.73	9.51	20.12	20.23	18.62	16.55	12.33
	STNN	5.91	6.98	7.73	9.08	9.26	17.12	18.13	15.76	13.70	11.21
	CK						14.99	16.01	13.62	11.02	12.78
2000	NTCN	14.40	13.07	8.74	9.24	9.27	13.23	14.48	15.30	15.58	12.99
	NTCC	13.39	12.72	8.34	8.96	8.80	12.25	12.83	14.94	15.00	12.08
	STCN	14.41	12.95	8.42	9.00	8.84	13.29	14.19	15.17	15.47	11.92
	STNN	13.38	11.47	8.38	9.48	9.26	11.44	12.90	14.11	14.44	10.94
	CK	12.56	11.88	8.51	9.25	8.67	12.83	12.67	14.83	15.60	9.98
2001	NTCN	4.10	5.95	6.59	7.41	8.30	18.44	18.61	19.15	18.43	12.88
	NTCC	3.58	5.24	6.59	7.63	8.48	19.36	18.43	18.66	16.05	10.04
	STCN	4.23	5.74	7.03	8.04	8.23	17.93	18.84	19.55	18.65	13.82
	STNN	3.64	5.77	6.84	7.82	7.65	16.63	17.86	18.70	17.31	11.23
	CK	3.60	5.73	7.54	7.44	8.53	17.08	18.92	19.29	17.96	11.72
2002	NTCN	16.28	14.57	8.72	9.49	9.69	17.71	18.48	18.35	17.00	11.30
	NTCC	16.48	14.35	9.07	9.54	9.71	17.65	18.38	18.85	16.77	10.54
	STCN	16.53	14.43	9.35	9.79	10.04	17.60	18.22	19.16	17.86	12.15
	STNN	15.11	14.03	8.56	9.79	9.60	16.10	17.74	18.13	16.37	10.60
	CK	14.15	12.52	8.28	8.61	9.94	15.02	17.09	16.32	11.44	9.74

表 2－3　试验期不同处理不同土层的贮水量　　(mm)

年份	处理	6 月收获后土壤水分贮量		9 月播种前土壤水分贮量	
		0～50cm	0～100cm	0～50cm	0～100cm
1997	NTCN			107. 34	174. 68
	NTCC			102. 95	164. 05
	STCN			99. 68	165. 89
	STNN			91. 71	155. 05
	CK				
1998	NTCN	100. 50	157. 46	124. 38	235. 83
	NTCC	106. 17	165. 29	122. 22	233. 79
	STCN	99. 04	156. 41	120. 53	234. 28
	STNN	91. 24	145. 63	122. 86	231. 95
	CK			128. 68	246. 84
1999	NTCN	55. 04	120. 82	123. 13	222. 70
	NTCC	49. 90	112. 22	127. 58	222. 61
	STCN	52. 57	115. 49	128. 23	236. 65
	STNN	48. 20	106. 53	113. 63	203. 47
	CK			102. 47	176. 65
2000	NTCN	76. 23	136. 74	98. 75	201. 75
	NTCC	77. 54	134. 25	91. 07	189. 18
	STCN	77. 28	137. 03	97. 54	199. 25
	STNN	70. 55	132. 42	89. 84	185. 55
	CK	71. 80	131. 93	93. 55	197. 96
2001	NTCN	38. 76	89. 20	126. 48	252. 20
	NTCC	37. 76	87. 85	132. 75	243. 91
	STCN	41. 24	95. 36	130. 05	256. 87
	STNN	39. 60	91. 03	122. 29	240. 28
	CK	41. 96	93. 47	126. 18	246. 05
2002	NTCN	86. 40	152. 37	120. 23	238. 29
	NTCC	88. 55	150. 74	124. 04	237. 02
	STCN	96. 86	154. 22	124. 00	243. 94
	STNN	83. 80	149. 36	116. 14	228. 62
	CK	79. 03	137. 55	117. 19	198. 90

1998年6月第一季冬小麦收获后进行的土壤水分数据测试表明：在0～50cm土层内的土壤含水量，浅松不覆盖处理（STNN）比其他3种处理（NTCN、NTCC、STCN）明显减少，平均约相对减少13%。但NTCN、NTCC和STCN处理之间无显著差异；在深层土壤里（50～150cm），除STNN比NTCC处理的土壤含水量少外，其他3种处理的含水量基本上无显著差异；从覆盖、压实和耕作处理3种因素看，不覆盖处理（STNN）比覆盖处理（NTCN、NTCC、STCN）在0～20cm、20～50cm的土壤含水量分别平均相对减少15%和12%。

压实与耕作处理的不同未造成各试验处理的土壤含水量的不同。1997.6至1998.6年降雨量为359.7mm，降雨量少可能是造成压实与耕作两种因素对土壤含水量影响不显著的原因。在降雨量较少的情况下，覆盖与不覆盖还是会对土壤含水量产生一定的影响。

1998年播种前各处理的土壤水分含量没有显著差异，分析造成这种状况的原因，可能是因1998年小麦收获后到播种前的休闲期降雨较多（从6月11日到9月19日共降雨16次，364.1mm），而且在土壤水分测定前的9月19日一次降雨达27.9mm，所以使得各处理的土壤水分得到恢复。另一可能的因素是试验刚进行一年，覆盖、免耕等的效果尚未完全发挥。

1999年收获后的水分测定结果显示，在生育期降水较少（67.6mm）的情况下，保护性耕作的3种处理（NTCN、NTCC、STCN）土壤含水量相差不大，但均比浅松不覆盖处理（STNN）要高，覆盖保水的作用逐渐显示。

1999年播种前的水分数据表明，3种覆盖处理（NTCN、NTCC、STCN）在不同土层的水分含量差异不大，但均比无覆盖的STNN和CK明显增高；覆盖条件下土壤压实与否对保水性能影响差异不明显；有覆盖的浅松处理（STCN）水分含量高于无覆盖的浅松处理；随土壤深度的加大，各处理的差异明显程度逐渐降低；既无覆盖又在收获后进行过翻耕的传统处理含水率最低。各处理的保水效果排序为STCN > NTCN > NTCC > STNN > CK。

2000年收获后各处理的水分含量无显著差异，其原因一是在该生育期降水少（78.1mm），小麦的生长发育消耗的水分多是上年休闲期的储备；二是在仅有的78.1mm降水中，收获前的6月3日一次降水达到29.5mm，而此时小麦已进入蜡熟期，水分消耗极少，29.5mm的中雨量全部入渗，导致收获后测定时（6月8日、9日测定）各处理各土层水分含量无显著差异。

2001年收获后测定时，土壤极其干燥，表层土壤的含水量只有4%左右，其中以 CK 和 NTCC 最低。

2001 年播种前，仍然可看出覆盖对保水的效果，3 种有覆盖的处理在耕层内的含水量与无覆盖的 STNN 和 CK 相比有明显的差异；压实的副作用逐渐明显，表现在 60cm 以下土层含水量明显减少。

2002 年收获时的贮水量明显高于往年，尤其是表层 30cm 以内。以 100cm 土体内的总贮水量分析，传统（CK）和浅松不覆盖（STNN）处理的贮水量最低，NTCC 次之，STCN 的贮水效果依然是最好的，STCN 和 NTCN 的贮水量分别比 CK 相对高 10.8% 和 12.1% 。

6 年数据表明：3 种有覆盖的处理（NTCN、NTCC、STCN）贮水量多于无覆盖的处理 STNN 和 CK；

NTCN 和 STCN 相比，贮水量没有明显差异，说明浅松与否对总贮水影响不大；

结合表 2－1 的降雨量分析，可看出，不同处理贮水量的差异与降雨量有关，越干旱的年份，覆盖保水的效果越好；

NTCC 与 NTCN 相比，不管是 0～50cm 还是 0～100cm 土层，差异极小，说明在本试验中免耕覆盖条件下，压实与否对总的贮水量影响不大。

2. 不同处理的土壤体积密度分析

土壤体积密度（又称土壤容重）是指单位容积原状土壤（包括孔隙）的重量。土壤容重可以判断土壤的松紧程度、计算土壤重量、计算土壤各组分的数量。土壤容重对作物生长发育、机具作业阻力有较大影响。

试验期固定道保护性耕作不同土层的土壤容重见表 2－4。

表 2－4　试验期固定道保护性耕作不同土层的土壤容重　（g/cm^3）

年份	处理	收获时土壤容重				播种前土壤容重			
		0～10	10～30	30～60	60～100	0～10	10～30	30～60	60～100
1997	NTCN					1.34	1.44	1.36	1.29
	NTCC					1.42	1.47	1.35	1.25
	STCN					1.27	1.40	1.36	1.28
	STNN					1.27	1.38	1.35	1.28
	CK								

（续表 2-4）

年份	处理	收获时土壤容重				播种前土壤容重			
		0～10	10～30	30～60	60～100	0～10	10～30	30～60	60～100
1998	NTCN	1.25	1.38	1.33	1.25	1.19	1.40	1.33	1.29
	NTCC	1.45	1.42	1.33	1.26	1.35	1.41	1.30	1.30
	STCN	1.21	1.41	1.30	1.24	1.18	1.35	1.33	1.28
	STNN	1.23	1.43	1.33	1.25	1.16	1.36	1.34	1.28
	CK					1.17	1.46	1.41	1.24
1999	NTCN	1.44	1.38	1.32	1.29	1.20	1.40	1.32	1.28
	NTCC	1.45	1.40	1.32	1.32	1.34	1.44	1.34	1.30
	STCN	1.42	1.40	1.34	1.31	1.22	1.35	1.34	1.29
	STNN	1.38	1.44	1.34	1.31	1.19	1.40	1.32	1.30
	CK					1.21	1.41	1.37	1.31
2000	NTCN	1.29	1.38	1.30	1.33	1.35	1.40	1.35	1.31
	NTCC	1.41	1.41	1.34	1.28	1.34	1.39	1.33	1.29
	STCN	1.34	1.40	1.35	1.32	1.38	1.41	1.34	1.29
	STNN	1.26	1.38	1.35	1.31	1.41	1.39	1.36	1.31
	CK	1.30	1.36	1.31	1.35	1.39	1.49	1.33	1.34
2001	NTCN	1.27	1.38	1.38	1.39	1.25	1.45	1.37	1.35
	NTCC	1.30	1.47	1.39	1.38	1.44	1.47	1.36	1.36
	STCN	1.34	1.47	1.39	1.36	1.29	1.42	1.36	1.35
	STNN	1.37	1.41	1.38	1.33	1.20	1.44	1.37	1.34
	CK	1.27	1.47	1.39	1.37	1.23	1.42	1.34	1.30
2002	NTCN	1.35	1.43	1.39	1.38	1.23	1.39	1.37	1.33
	NTCC	1.42	1.42	1.34	1.32	1.38	1.43	1.32	1.32
	STCN	1.26	1.41	1.36	1.39	1.21	1.41	1.35	1.32
	STNN	1.33	1.44	1.38	1.37	1.20	1.38	1.34	1.34
	CK	1.32	1.43	1.43	1.37	1.33	1.47	1.39	1.32

从表 2-4 的容重数据来看：

不同处理在 30cm 以下土层差异不明显；

压实对表土容重影响最大，尤其是 0～10cm 土层，5 种处理的平均容重分别为：NTCN 1.26、NTCC 1.38、STCN 1.26、STNN 1.24、CK 1.27。0~10cm 土层 NTCC 平均容重比 NTCN 高 9.5%。在 10~30cm 土层，NTCC（1.44）也高于 NTCN（1.41）、STCN（1.39）和 STNN（1.39）。而且这种影响可一直持续到来年收获（收获时 0~10cm 土层平均容重分别为：NTCN 1.32、NTCC 1.41、STCN 1.31、STNN 1.31、CK 1.30；10~30cm 土层平均容重分别为：NTCN 1.4、NTCC 1.43、STCN 1.42、STNN 1.41、CK 1.42）。

覆盖对容重几乎没有影响（STCN 和 STNN 平均容重无显著差异）。

在无压实的情况下，NTCN 和 STCN 平均容重无显著差异，耕作与否对容重影响不大。

二、作物生长及产量

1. 不同处理的小麦苗情

小麦播种日期、品种、播种量、底肥及播种质量是影响小麦苗情的重要因素，而苗情又是影响产量的重要因素，所以在播种作业中，小麦播种相关因素必须保持一致：一是对试验区各种处理在播种时采用相同的种子、相同的播量、相同的种子处理（拌药）、相同的化肥及施肥量、相同的播种机等，具体到每年的播期和播量等，则根据当年的具体情况确定。表 2-5 为各年小麦播种要素一览表。

表 2-5 各年小麦播种要素一览表

年份	播期	品种	发芽率（%）	千粒重（g）	播量（kg/亩）	播深（cm）
1997	9.25	晋麦 47#			12.5	5.2
1998	9.23		90	41.3	12	5~6
1999	9.24		91.5	39	11.5	4~5
2000	9.27		96	36	12	4~5
2001	10.2		98	32	16	3~4
2002	9.25		97	47	14	3~4

1）2001 年播种时，因 9 月下旬降雨较多，影响机器下地作业，播种时间推迟到 10 月 2 日，根据农艺要求，加大了播量。

2）表中播量是按播种面积计算的播种量。

表 2-6　各处理小麦出苗情况（苗/m）及测产时的亩有效穗数　（万/亩）

时间	NTCN		NTCC		STCN		STNN		CK	
	苗/m	万/亩	苗/m	万/亩	苗/m	万/亩	苗/m	万/亩	苗/m	万/亩
1997.9~1998.6	37	18.56	41	18.33	41	19.33	46	20.33		
1998.9~1999.6	74	32.56	71	30.35	63	41.20	74	27.65	70	28.75
1999.9~2000.6	74.6	26.47	76	24.40	67.1	26.51	79.2	21.12	67.3	16.80
2000.9~2001.6	72.6	37.92	69.5	39.11	79.8	38.23	83.3	36.40	73.8	35.94
2001.9~2002.6	124.6	39.2	123.6	38.2	111.3	39.8	111.6	41.0	108.9	42.7
2002.9~2003.6	76		55.6		85.2		73		64.2	
平均	76.47	30.94	72.78	30.08	74.57	33.01	77.85	29.3	76.84	31.05

从5种处理的小麦出苗情况看，各处理之间在播种要素相同情况下的出苗数没有明显差异，说明不同处理的播种质量基本相同。

其中两种浅松处理STCN和STNN的每米平均苗数为76.20，与NTCN和CK处理基本持平，仅比NTCC多5%左右，说明在固定道条件下，并未因浅松使小麦出苗有明显改善；NTCC出苗情况也不错的原因，可能是因为压实处理是一个轮宽接一个轮宽的全面压实，压实后地表平整，与正常非固定道时的压实易造成地表沟辙的情况不符。

根据表2-6查苗结果可计算出亩苗数，将亩苗数与收获时的亩有效穗数进行比较，可计算出不同处理分蘖、生育、最后成为有效穗数的比率——成穗率（表2-7）。

表 2-7　收获时的有效穗数与播种出苗数之比率　（%）

时间	NTCN	NTCC	STCN	STNN	CK
1997.9~1998.6	151	134.1	141.4	132.6	
1998.9~1999.6	132	128.2	196.2	112.1	123.2
1999.9~2000.6	106.4	96.3	118.5	80	74.9
2000.9~2001.6	156.7	168.8	143.7	131.1	146.1
2001.9~2002.6	94.4	92.7	107.3	110.2	117.6
平均	128.1	124.0	141.4	113.2	115.5

单位面积的有效穗数是影响小麦产量的关键因素之一。表2-7的数据

表明：

（1）3 种有覆盖的处理（NTCN、NTCC 和 STCN）出苗到最终形成有效穗的比率明显高于无覆盖处理（STNN 和 CK），平均高出 14.7%，进一步说明覆盖的保水等效果及对小麦出苗后经过分蘖最后形成有效穗数的贡献。

（2）两种固定道保护性耕作处理（NTCN 和 STCN）从出苗到最终形成有效穗的比率（平均 134.75）也高于其他 3 种处理（比 NTCC 高 5.2%，比 STNN 高 19%，比 CK 高 16.7%），说明采用固定道有利于作物出苗及最终形成有效穗。

（3）浅松覆盖不压实处理（STCN）从出苗到最终形成有效穗的比率分别比 NTCN、NTCC、STNN 和 CK 高 10.4%、14%、24.9% 和 22.4%，说明在保护性耕作中浅松处理由于表土地温高、表层土壤容重小，有利于作物苗期生长及进行有效分蘖（冬小麦分蘖分为冬前分蘖和返青后分蘖，一般返青后分蘖无效分蘖较多，因此冬前分蘖更为重要）。

2. 不同处理的穗粒数及千粒重

多年试验表明，不同保护性耕作处理与传统耕作处理中由于保水效果不同，导致其产量因素中的穗粒数和千粒重也有差别。因此，分析不同处理的穗粒数和千粒重（表 2－8），有助于更好地分析小麦产量的差异。

表 2－8　不同处理的千粒重　（g）

年份	NTCN	NTCC	STCN	STNN	CK
1998	41.8	42.72	43.22	42.66	36.2
1999	38.7	37.2	36.6	37.4	35.7
2000	31.1	30.5	31.7	29.2	29.3
2001	34.43	33.1	34.5	33.7	31.13
2002	45.7	45.7	47.0	45.2	41.8
平均	38.3	37.8	38.6	37.6	34.8

5 年数据平均结果按千粒重大小排列顺序为：STCN > NTCN > NTCC > STNN > CK。保护性耕作由于秸秆覆盖，减少了蒸发，提高了水分利用效率。因此，反映在影响小麦产量的千粒重这一参数上，也表现出较大的优势。

固定道（STCN、NTCN 和 STNN）3 种处理千粒重的平均值（38.6 +

38.3 +37.6）/3 =38.2g 比传统（CK）的千粒重 34.8g 高 9.2%，与有覆盖但经过压实处理的 NTCC（37.8g）相比，基本持平，说明压实与否对小麦千粒重影响不大。

有覆盖的 3 种处理（NTCN、NTCC 和 STCN）的千粒重平均值为（38.3 +37.8 +38.6）/3 =38.2g，与无覆盖的 STNN 和 CK（其千粒重平均为 36.2g）相比，千粒重增加 5.5%，说明覆盖对千粒重的影响大于压实的影响。

3. 不同处理的小麦产量

小麦的测产严格按照农艺要求进行，对 4 种处理的 5 次重复，每次均以每次重复 3 个播幅的中间一个播幅作为土壤测定及产量测定的样本区，在每一个样本区 30m 长的试验区内，定点取距离两端各 5m 左右处为测定区，这样每次测定每种处理均为 10 个样点。需要说明的是，由于所布置的固定道播幅为 1.2m，每次测产时取样点的长度为 1m，6 行小麦，即每个取样点为 1.2m^2，测产完成后折算成每平方米数据。后增加的传统处理取 4 个样，每点 5 行小麦，1m 长，即每个样点 1m^2。

测产时，首选划出 1m 长样区，随机选取一小麦植株测量株高，人工统计并记录该样区内的有效穗数，从中随机剪取 20 穗作为测定穗粒数样本，将 1.2m^2 内所有小麦拔出装袋运回。将每一样本晒干后脱粒，称重，计算。最后获得穗粒数、亩穗数、千粒重、株高、穗重、穗粒总重、生物量及理论产量等数据。在实际收获时，对每一处理进行单收，实际称重每一处理的小麦产量（湿杂），以便与理论产量进行对比。

各年各处理的产量数据见表 2 –9 和表 2 –10。

表 2 –9　固定道试验区冬小麦产量　（kg/亩）

年份	NTCN	NTCC	STCN	STNN	CK
1998	189	194	208	201	
1999	261.8（+3.7）	258.5（+2.4）	276.3（+9.5）	257.3（+1.9）	252.4
2000	198（+104.1）	178（+83.5）	202（+108.2）	119（+22.7）	97
2001	245.9（+26.7）	243.9（+25.7）	252.7（+30.3）	233.5（+20.4）	194
2002	294（+25.1）	265（+12.8）	312（+32.8）	280（+19.1）	235
平均	237.7（+22.15）	227.9（+17.11）	250.2（+28.57）	218.2（+12.13）	194.6

注：表中括弧中的数据为该处理与传统耕作产量相比的增产率（%）。

表2-10　按全面积计算的小麦理论产量　(kg/亩)

年份	NTCN	NTCC	STCN	STNN	CK
1998	157.5	161.7	173.3	167.5	
1999	218.2 (-13.5)	215.4 (-14.7)	230.3 (+8.8)	214.4 (-15.1)	252.4
2000	165 (+70.1)	148.3 (+52.9)	168.3 (+73.5)	99.2 (+2.3)	97
2001	205 (+6.8)	202.5 (+5.5)	209.2 (+9)	194.7 (+1.4)	194
2002	245 (+4.3)	220.8 (-6)	260 (+10.6)	233.3 (-1)	235
平均	198.14 (+1.92)	189.74 (-2.50)	208.22 (+7.0)	181.82 (-6.57)	194.6

分析产量数据（表2-9、表2-10）可见：浅松覆盖不压实处理(STCN) 5年平均产量最高，按播种面积（不计车道面积）计算比传统耕作增产28.57%，按全面积计算增产7.0%，免耕覆盖不压实次之，按播种面积计算比传统耕作增产22.15%，按全面积计算增产1.92%。

三、水分利用效率

根据表2-9小麦产量、表2-3中不同处理不同土层在当季小麦播种前和收获时0~50cm土层同贮水量的差值（表示全生育期所消耗的该层内的水量）及表2-1城隍乡历年小麦生育期降雨量，可计算出不同处理的水分利用效率（表2-11）。

表2-11　不同处理对小麦水分利用效率的影响

[kg/(mm·亩)，(0~50cm土层)]

年份	NTCN	NTCC	STCN	STNN	CK
1997.9~1998.6	0.92	1.00	1.05	1.02	
1998.9~1999.6	1.91	1.85	2.04	1.81	
1999.9~2000.6	1.58	1.40	1.57	0.98	0.89
2000.9~2001.6	1.08	1.10	1.12	1.07	0.88
2001.9~2002.6	1.66	1.46	1.83	1.60	1.28
平均	1.43	1.36	1.52	1.3	1.02

表2-11的数据表明：采用固定道能提高水分利用效率。水分利用效率的高低顺序为STCN > NTCN > NTCC > STNN > CK。

四、经济效益

如表2－12，3种固定道处理（NTCN、NTCC、STCN）中经济效益以STCN最好，其原因是产量最高；与CK相比亩收益增加30.2～35.7元。

表2－12　不同处理的经济效益　（元/亩）

项目	NTCN	NTCC	STCN	STNN	CK	备注
种子、化肥、农药	65.00	65.00	65.00	65.00	65.00	
休闲期　深翻					15.00	
除草	10.00	10.00	10.00	10.00	5.00	传统为机械除草、其余为化学除草
播前浅耕、耙耱					25.00	
浅松			8.00	8.00		
播种	10.00	10.00	10.00	10.00	10.00	
春季耙地除草					6.00	
化学除草	6.00	6.00	6.00	6.00		
叶面喷肥	16.00	16.00	16.00	16.00	16.00	2次
收获	25.00	25.00	25.00	25.00	25.00	
清运秸秆				4.00	4.00	
秸秆粉碎	10.00	10.00	10.00			
固定道维护	5.00		5.00	5.00		
支出合计	147.00	142.00	155.00	149.00	171.00	
收入	198.1	189.7	208.2	181.8	188.5	按6年全面积平均产量，1.00元/kg
亩收益	51.1	47.7	53.2	32.8	17.5	
与传统比亩增收	33.6	30.2	35.7	15.3		

第三节　春玉米固定道保护性耕作试验效果

试验所在的寿阳县景尚乡在1997～2000年试验期间连续大旱，试验是在极其干旱的条件下进行的，甚至造成无法播种。1998～2002年各年作物生育期降水量分别为：220.7mm，334.9mm，240mm，374mm，335mm。1999年8月降了两场较集中的暴雨，水土流失严重，2001年和2002年作物生育期降雨量较多，情况略有好转。

一、土壤水分

1. 播种时土壤水分

春玉米的生长期从 4 月中旬至 9 月下旬，约 140 ~ 150 天。但旱地春玉米地从 3 月下旬开始，由于天气干旱、风多风大、土壤蒸发强烈，很容易发生土壤干旱，从而影响播种、出苗、全苗。而春玉米苗期对土壤水分的利用层深度主要在 0 ~ 60cm 土层，因此，0 ~ 60cm 土层内贮水量的多少，对苗全、苗壮有决定性影响。

1998 ~ 2002 年，春玉米固定道保护性耕作播种期土壤水分数据如表 2 - 13。

表 2 - 13　春玉米固定道保护性耕作播种期土壤水分

年份	土层（cm）	播种前土壤水分含量（%）					播种前土壤贮水量（mm）				
		NTCN	NTCC	STCN	STNN	CK	NTCN	NTCC	STCN	STNN	CK
1998	0 ~ 10	9.73	9.43	9.12	8.77		13.53	13.20	11.84	11.13	
	10 ~ 30	9.50	9.39	9.53	9.10		26.99	27.23	27.07	25.47	
	30 ~ 60	8.34	8.25	8.27	8.23		32.85	33.21	33.02	32.58	
	60 ~ 100	9.14	8.89	8.98	9.21		47.14	46.26	46.74	47.04	
	0 ~ 60	9.19	9.02	8.97	8.70		75.80	75.65	73.25	69.93	
	0 ~ 100	9.18	8.99	8.98	8.83		124.20	123.45	120.77	116.87	
1999	0 ~ 10	7.59	6.87	7.55	7.00	6.52	10.55	9.62	10.19	9.39	8.22
	10 ~ 30	7.75	7.68	7.53	7.22	8.64	22.17	21.95	21.07	20.54	24.93
	30 ~ 60	7.67	7.86	7.58	7.66	8.32	32.40	32.73	31.39	32.13	35.48
	60 ~ 100	8.70	8.62	8.64	8.23	8.80	46.28	46.63	46.55	44.75	48.58
	0 ~ 60	7.67	7.47	7.55	7.29	7.83	64.40	63.00	62.37	60.72	64.55
	0 ~ 100	7.93	7.76	7.83	7.53	8.07	119.56	108.01	107.12	103.92	117.21
2000	0 ~ 10	7.92	8.22	7.81	7.78	6.19	11.13	12.01	11.20	10.69	7.75
	10 ~ 30	11.63	10.77	11.67	11.15	9.44	33.55	31.01	33.97	32.53	27.37
	30 ~ 60	11.41	11.36	11.51	11.32	8.19	49.18	48.24	48.96	47.54	38.30
	60 ~ 100	11.80	11.77	11.47	11.69	9.01	64.95	65.92	61.89	63.83	51.93
	0 ~ 60	10.32	10.12	10.33	10.08	7.94	93.86	91.26	94.12	90.75	73.42
	0 ~ 100	10.69	10.53	10.61	10.49	8.21	158.81	157.18	156.01	154.58	125.35

（续表 2－13）

年份	土层（cm）	播种前土壤水分含量（%）					播种前土壤贮水量（mm）				
		NTCN	NTCC	STCN	STNN	CK	NTCN	NTCC	STCN	STNN	CK
2001	0 ~ 10	10.64	10.84	10.71	10.07	9.68	13.84	16.24	14.01	13.46	13.52
	10 ~ 30	11.97	11.70	11.51	11.24	12.25	35.58	34.66	33.33	32.30	35.39
	30 ~ 60	11.48	11.68	11.39	11.16	11.15	49.28	50.39	48.43	46.91	49.70
	60 ~ 100	11.10	11.10	11.04	10.60	10.32	59.84	61.70	61.03	58.53	61.84
	0 ~ 60	11.36	11.41	11.20	10.82	11.03	98.70	101.30	95.78	92.67	98.61
	0 ~ 100	11.30	11.33	11.16	10.77	10.85	158.55	163.00	156.80	151.20	160.45
2002	0 ~ 10	10.92	10.38	10.54	9.76	10.88	14.18	13.22	14.11	11.93	13.32
	10 ~ 30	12.27	11.31	11.20	11.34	10.87	33.50	31.45	30.53	28.25	30.95
	30 ~ 60	13.17	11.72	12.29	11.83	10.79	50.61	48.61	50.66	47.95	48.26
	60 ~ 100	12.84	12.22	12.04	11.45	10.43	65.20	63.08	62.84	62.52	60.71
	0 ~ 60	12.12	11.13	11.35	10.97	10.85	98.30	93.28	95.30	88.14	92.53
	0 ~ 100	12.30	11.40	11.52	11.09	10.74	163.50	156.36	158.14	150.65	153.24
1998 ~ 2002 平均	0 ~ 10	9.36	9.15	9.15	8.67	8.32	12.65	12.86	12.27	11.32	10.70
	10 ~ 30	10.62	10.17	10.29	10.01	10.30	30.36	29.26	29.19	27.82	29.66
	30 ~ 60	10.42	10.17	10.21	10.04	9.61	42.86	42.64	42.49	41.42	42.93
	60 ~ 100	10.72	10.52	10.43	10.24	9.64	56.68	56.72	55.81	55.33	55.77
	0 ~ 60	10.13	9.83	9.88	9.57		86.21	84.90	84.16	80.44	
	0 ~ 100	10.28	10.00	10.02	9.74	9.47	142.55	141.47	139.76	135.89	139.06
1999 ~ 2002 平均	0 ~ 10	9.27	9.08	9.15	8.65	8.32	12.43	12.77	12.38	11.37	10.70
	10 ~ 30	10.90	10.36	10.48	10.24	10.30	31.20	29.77	29.72	28.40	29.66
	30 ~ 60	10.93	10.65	10.69	10.49	9.61	45.37	44.99	44.86	43.63	42.93
	60 ~ 100	11.11	10.93	10.80	10.49	9.64	59.07	59.33	58.08	57.41	55.77
	0 ~ 60	10.37	10.03	10.11	9.79	9.41	88.82	87.21	86.89	83.07	82.28
	0 ~ 100	10.55	10.26	10.28	9.97	9.47	148.06	146.87	145.04	140.81	139.06

分析表 2－13：

与传统耕作相比保护性耕作的蓄水效果显著，0 ~ 60cm 土层：NTCN 和 STCN 分别比 CK 贮水量高 6.54mm（8.0%）和 4.61mm（5.6%）；0 ~ 100cm 土层：NTCN 和 STCN 分别比 CK 贮水量高 9.0mm（6.5%）和 7.81mm（5.6%）。4 年平均各处理播种时 0 ~ 60cm 和 0 ~ 100cm 贮水量排序：NTCN > NTCC > STCN > STNN > CK。

覆盖因素对贮水量的影响最显著，STCN 比 STNN 的 0 ~ 60cm 贮水量高

3.81mm（4.6%），0～100cm 贮水量高 4.23mm（3.0%）；耕作和压实对贮水量的影响不显著，浅松 STCN 使 0～60cm 贮水量降低 1.93mm（2.2%），压实使 0～60cm 贮水量降低 1.61mm（1.8%）。总体来说，NTCN、STCN、STNN、NTCC 4 种处理之间的差异不显著。

分析不同年际变化：

1998～2001 年播种时土壤都比较干旱，甚至达到凋萎下限无法播种，尤其是传统翻耕（CK）处理较为严重。在这种情况下，保护性耕作处理比 CK 的保水效果好，尤其是 NTCN 处理效果最佳。

在干旱条件下，STCN、NTCN、STNN、NTCC 等处理间土壤水分差异不显著，方差分析表明，各因素的影响不明显。但也可看出各因素作用的趋势：有覆盖处理的含水量都略大于无覆盖处理，各处理含水量的顺序为：NTCN > NTCC > STCN > STNN。覆盖可以明显地提高表层土壤的含水量，播种前浅松处理造成表层水分散失，压实增大表层容重，增加土壤毛细管孔隙，使得水分易上升到地表，在冬季休闲期水分散失较多。

2001 年数据显示，压实的影响日益表现出来。在 0～10cm 土层，土壤压实（NTCC）使土壤容重相对增大 16.0%，使土壤的贮水量相对增大 17.3%。

2002 年播种时墒情较好，保护性耕作处理比 CK 的保水效果好。在 0～10cm 土层，NTCC 的容重显著高于 CK（12.2%），NTCN 和 STCN 的贮水量分别比 CK 提高 6.5% 和 5.9%。在 10～30cm 土层，NTCN 比 CK 的贮水量高 8.2%。从 100cm 土层总贮水量分析，NTCN 比 CK 的贮水量高 6.7%。

分析覆盖、压实和耕作三因素的影响：压实的影响表现更加突出，在 0～100cm 的各个土层，土壤压实（NTCC）均使土壤的贮水量减少，尤其是 10～30cm 和 30～60cm 土层较为明显。NTCN 的保水效果优于浅松处理 STCN，尤其是在 10～30cm 土层，NTCN 比 STCN 的重量含水率和贮水量都提高超过 9.5%，表明如果管理完善，避免免耕地人为压实破坏，长期免耕处理可以提高土壤的保水性能。

2. 收获后土壤水分

由于降水的年际变化大，季节分布不均，致使春玉米生育期内常出现降水季节性亏缺现象。寿阳县降水亏缺的时段主要在苗期，降水亏缺达 45.3%。其次为拔节—抽穗期，降水亏缺约 18% 左右。但从抽雄到成熟期内，一般有多余的降水（寿阳约多 47.1%），这部分多余的降水贮存到土壤内，以供后茬玉米使用。下面总结不同试验处理及试验因素对收获后贮水量的影响。

1998~2002年，春玉米固定道保护性耕作收获后土壤水分数据如表2-14。

表2-14 收获后0~100cm总贮水量及重量含水率

年份	土层（cm）	收获后土壤水分含量（%）					收获后土壤贮水量（mm）				
		NTCN	NTCC	STCN	STNN	CK	NTCN	NTCC	STCN	STNN	CK
1998	0~10	6.93	6.53	9.12	6.28	5.79	9.57	9.2	12.31	8.54	7.02
	10~30	7.02	6.89	6.76	6.9	6.79	20.41	20.42	19.24	19.86	19.07
	30~60	6.94	7.08	6.82	6.97	7.25	28.91	29.41	28.27	28.86	30.03
	60~100	8.54	8.6	8.54	8.33	8.66	46.05	45.84	45.94	45.29	47.06
	0~60	6.96	6.83	7.57	6.72	6.61	58.89	59.03	59.82	57.26	56.11
	0~100	7.36	7.28	7.81	7.12	7.12	102.47	102.01	107.38	98.59	103.13
1999	0~10	9.37	8.96	8.78	8.35	7.92	12.55	12.2	11.62	11.44	10.14
	10~30	12.79	11.54	12.18	11.51	11.84	37.26	33.89	35.74	33.06	35.13
	30~60	11.89	11.38	11.93	11.15	10.39	50.27	47.88	50.95	46.41	45.71
	60~100	11.76	11.18	11.66	10.84	9.73	63.42	60.98	64.37	59.45	54.85
	0~60	11.35	10.63	10.96	10.34	10.05	100.08	93.97	98.31	90.91	90.98
	0~100	11.45	10.77	11.14	10.46	9.97	159.02	150.59	155.77	145.55	145.77
2000	0~10	14.04	13.57	14.16	14.30	13.14	16.40	17.24	16.01	16.59	14.79
	10~30	14.26	14.31	14.52	14.00	13.86	37.80	39.53	36.55	37.57	36.21
	30~60	11.49	11.97	12.23	11.94	10.84	45.82	49.43	49.03	47.18	42.24
	60~100	9.53	10.07	10.01	9.72	9.93	49.79	51.88	50.67	49.10	49.52
	0~60	13.26	13.28	13.64	13.41	12.61	100.02	106.20	101.59	101.34	93.24
	0~100	12.33	12.48	12.73	12.49	11.94	149.80	154.63	152.26	150.44	142.75
2001	0~10	12.30	11.61	12.08	12.56	11.44	14.96	14.08	14.88	15.10	13.85
	10~30	13.81	13.61	13.69	14.11	14.66	37.83	37.13	39.01	39.28	38.55
	30~60	14.58	13.81	13.37	13.39	14.28	58.92	55.86	54.32	56.34	60.82
	60~100	14.20	13.68	14.11	14.08	13.60	75.71	71.05	74.09	75.75	74.65
	0~60	13.56	13.01	13.05	13.35	13.46	111.71	107.07	108.22	110.72	113.22
	0~100	13.72	13.18	13.31	13.54	13.49	185.92	168.20	180.82	179.53	187.87
2002	0~10	8.81	9.40	10.17	9.72	10.24	10.53	11.97	12.74	11.77	13.95
	10~30	12.79	12.18	12.97	13.19	11.85	38.91	36.18	37.26	35.57	32.63
	30~60	13.66	13.04	13.34	13.88	12.50	55.89	54.16	53.08	57.80	49.80
	60~100	13.96	13.66	14.14	14.12	14.45	74.24	72.67	74.24	73.48	75.59
	0~60	11.75	11.54	12.16	12.26	11.53	105.33	102.32	103.08	105.14	96.38
	0~100	12.31	12.07	12.65	12.73	12.26	179.57	174.98	177.32	178.62	171.97

（续表 2-14）

年份	土层（cm）	收获后土壤水分含量（%）					收获后土壤贮水量（mm）				
		NTCN	NTCC	STCN	STNN	CK	NTCN	NTCC	STCN	STNN	CK
1998~2002平均	0~10	10.29	10.01	10.86	10.24	9.71	12.80	12.94	13.51	12.69	11.95
	10~30	12.13	11.71	12.03	11.94	11.80	34.44	33.43	33.56	33.07	32.32
	30~60	11.71	11.46	11.54	11.47	11.05	47.96	47.35	47.13	47.32	45.72
	60~100	11.60	11.44	11.69	11.42	11.27	61.84	60.48	61.86	60.61	60.33
	0~60	11.38	11.06	11.48	11.22	10.85	95.21	93.72	94.20	93.08	89.99
	0~100	11.43	11.15	11.53	11.27	10.96	155.36	150.08	154.71	150.55	150.30
1999~2002平均	0~10	11.13	10.88	11.30	11.23	10.69	13.61	13.87	13.81	13.73	13.18
	10~30	13.41	12.91	13.34	13.20	13.05	37.95	36.68	37.14	36.37	35.63
	30~60	12.91	12.55	12.72	12.59	12.00	52.73	51.83	51.84	51.93	49.64
	60~100	12.36	12.15	12.48	12.19	11.93	65.79	64.15	65.84	64.44	63.65
	0~60	12.48	12.12	12.45	12.34	11.91	104.28	102.39	102.80	102.03	98.46
	0~100	12.45	12.12	12.46	12.30	11.92	168.58	162.10	166.54	163.53	162.09

分析表 2-14：

保护性耕作相对传统耕作的蓄水效果显著，0~60cm 土层：NTCN 和 STCN 分别比 CK 高 5.82mm（5.9%）和 4.34mm（4.4%）；0~100cm 土层：NTCN 和 STCN 分别比 CK 高 6.5mm（4.0%）和 4.5mm（2.7%）。4 年平均各处理收获时 0~60cm 和 0~100cm 贮水量排序：NTCN > STCN > STNN ≥ NTCC > CK。

比较 3 种因素的影响：总地来说，NTCN、STCN、STNN、NTCC 4 种处理收获期 100cm 土层内贮水量差异不显著。覆盖（STCN）使 0~100cm 贮水量提高 3.01mm（2.0%），浅松（STCN）使 0~100cm 贮水量降低 2.04mm（1.2%），压实使 0~100cm 贮水量降低 6.48mm（3.8%）。

分析不同年际变化：

1998~2000 年作物生长季干旱少雨，保护性耕作处理比 CK 的保水效果好，尤其是有覆盖无压实 NTCN 的处理效果佳。STCN、NTCN、STNN、NTCC 等处理间土壤水分差异不显著。各因素影响效果的顺序为覆盖 > 压实 > 耕作。秸秆覆盖对水分、容重及贮水量的影响都不显著。土壤压实对表层 0~10cm 容重的影响最明显，地表耕作对土壤水分和容重影响不显著。

2001 年和 2002 年降雨充足，压实因素的作用表现比较明显。2001 年收获时，在0~10cm土层，土壤压实（NTCC）使土壤含水率减少5.6%，贮水量减少5.9%。而且在其他土层中，压实也阻碍水分入渗，土壤含水量相对于无压实处理都有所下降。2000年收获时土壤含水量较高，压实处理的效果较好。因此，2001年压实的影响较大，更重要的是，年复一年的压实积累，很难恢复，所以压实的作用会日趋明显。

2002年，在0~10cm土层，NTCN、STCN和STNN都比CK的重量含水率、贮水量低，而在10cm以下的土层，保护性耕作处理STCN和NTCN均比CK的保水效果有所提高，尤其是有覆盖无压实NTCN处理效果最好。在10~30cm土层，NTCN和STCN分别比CK的重量含水率相对提高7.9%和9.4%，贮水量提高19.3%和14.2%。在30~60cm土层，NTCN和STCN分别比CK的重量含水率相对提高9.3%和6.6%，贮水量提高12.2%和6.6%。

在0~10cm土层，土壤压实（NTCC）使土壤含水率提高6.7%，贮水量提高13.7%。压实使水分集中在表层，不易下渗。在10cm以下的土层中，土壤含水率和贮水量相对于无压实处理都有所下降。在0~10cm土层，秸秆覆盖（STCN）比不覆盖（STNN）的重量含水率高4.7%，贮水量提高8.2%。在30cm以下的土层中，覆盖与否无显著差异。除在表层土壤中，NTCN比STCN含水量低之外，其他土层NTCN的保水效果又优于浅松处理STCN。

3. 全期平均水分

1998~2002年平均0~100cm水总贮水量汇总如表2-15，可以分析各处理及因素的休闲期和作物生长期的综合影响。

表2-15　0~60cm和0~100cm土层总贮水量　(mm)

年份	土层（cm）	NTCN	NTCC	STCN	STNN	CK
1998.4	0~60	75.80	75.65	73.25	69.93	
	0~100	124.20	123.45	120.77	116.87	
1998.10	0~60	58.89	59.03	59.82	57.26	56.11
	0~100	102.47	102.01	107.38	98.59	103.13
1999.4	0~60	64.40	63.00	62.37	60.72	64.55
	0~100	119.56	108.01	107.12	103.92	117.21
1999.10	0~60	100.08	93.97	98.31	90.91	90.98
	0~100	159.02	150.59	155.77	145.55	145.77

（续表 2－15）

年份	土层（cm）	NTCN	NTCC	STCN	STNN	CK
2000. 4	0～60	93. 86	91. 26	94. 12	90. 75	73. 42
	0～100	158. 81	157. 18	156. 01	154. 58	125. 35
2000. 10	0～60	100. 02	106. 20	101. 59	101. 34	93. 24
	0～100	149. 80	154. 63	152. 26	150. 44	142. 75
2001. 4	0～60	98. 70	101. 30	95. 78	92. 67	98. 61
	0～100	158. 55	163. 00	156. 80	151. 20	160. 45
2001. 10	0～60	111. 71	107. 07	108. 22	110. 72	113. 22
	0～100	185. 92	168. 20	180. 82	179. 53	187. 87
2002. 4	0～60	98. 30	93. 28	95. 30	88. 14	92. 53
	0～100	163. 50	156. 36	158. 14	150. 65	153. 24
2002. 10	0～60	105. 33	102. 32	103. 08	105. 14	96. 38
	0～100	179. 57	174. 98	177. 32	178. 62	171. 97
播种时贮水 1998～2002 年平均	0～60	86. 21	84. 90	84. 16	80. 44	
	0～100	144. 92	141. 60	139. 77	135. 44	
播种时贮水 1999～2002 年平均	0～60	88. 82	87. 21	86. 89	83. 07	82. 28
	0～100	150. 10	146. 14	144. 52	140. 09	139. 06
收获时贮水 1998～2002 年平均	0～60	95. 21	93. 72	94. 20	93. 08	89. 99
	0～100	155. 36	150. 08	154. 71	150. 55	150. 30
收获时贮水 1999～2002 年平均	0～60	104. 28	102. 39	102. 80	102. 03	98. 46
	0～100	168. 58	162. 10	166. 54	163. 53	162. 09
1999～2002 全期总平均	0～60	96. 55	94. 80	94. 85	92. 55	90. 37
	0～100	159. 34	154. 12	155. 53	151. 81	150. 58

全期平均含水量的大小顺序为：NTCN ＞ STCN ＞ NTCC ＞ STNN ＞ CK，其中，NTCN 与 STCN 之间差别较小，说明地表耕作的总体影响不大，生长期蓄水与休闲期散失达到平衡。而 STCN 与 STNN 之间差别相对较大，说明在休闲期和生长期覆盖都有较好的蓄水保水作用。

二、土壤容重

5 年播种和收获时的容重数据如表 2－16 和图 2－12。

表 2－16　春玉米固定道保护性耕作各土层的土壤容重（1998～2002 年）

（g/cm³）

年份	土层（cm）	播种前土壤容重					收获时土壤容重				
		NTCN	NTCC	STCN	STNN	CK	NTCN	NTCC	STCN	STNN	CK
1998	0～10	1.39	1.40	1.33	1.27		1.38	1.41	1.35	1.36	1.21
	10～30	1.42	1.45	1.42	1.40		1.45	1.48	1.42	1.44	1.40
	0～30	1.41	1.43	1.38	1.34		1.42	1.45	1.39	1.40	1.31
1999	0～10	1.36	1.40	1.35	1.34	1.26	1.34	1.36	1.32	1.37	1.28
	10～30	1.43	1.43	1.40	1.42	1.43	1.46	1.47	1.47	1.44	1.48
	0～30	1.40	1.42	1.38	1.38	1.34	1.40	1.42	1.40	1.41	1.38
2000	0～10	1.41	1.46	1.43	1.37	1.25	1.17	1.29	1.13	1.16	1.13
	10～30	1.44	1.44	1.45	1.46	1.45	1.33	1.38	1.26	1.35	1.31
	0～30	1.42	1.45	1.44	1.42	1.35	1.25	1.34	1.20	1.25	1.22
2001	0～10	1.30	1.51	1.32	1.34	1.40	1.21	1.21	1.25	1.22	1.21
	10～30	1.49	1.48	1.45	1.44	1.44	1.35	1.37	1.42	1.42	1.31
	0～30	1.39	1.49	1.38	1.39	1.42	1.28	1.29	1.34	1.32	1.26
2002	0～10	1.30	1.40	1.27	1.22	1.25	1.20	1.28	1.20	1.19	1.23
	10～30	1.37	1.39	1.37	1.32	1.44	1.42	1.46	1.39	1.40	1.35
	0～30	1.34	1.40	1.32	1.27	1.34	1.31	1.37	1.29	1.30	1.29
1998～2002 平均	0～10	1.35	1.43	1.34	1.31	1.29	1.26	1.31	1.25	1.26	1.21
	10～30	1.43	1.44	1.42	1.41	1.44	1.40	1.43	1.39	1.41	1.37
	0～30	1.39	1.44	1.38	1.36	1.36	1.33	1.37	1.32	1.33	1.29
1999～2002 平均	0～10	1.34	1.44	1.34	1.32	1.29	1.23	1.29	1.22	1.23	1.21
	10～30	1.43	1.43	1.42	1.41	1.44	1.39	1.42	1.39	1.40	1.36
	0～30	1.39	1.44	1.38	1.36	1.36	1.31	1.35	1.31	1.32	1.29

分析表 2－16 和图 2－12：

免耕并未造成容重显著增大。1999～2002 年 4 年播种时各土层的容重：NTCC≥NTCN≥STCN≥STNN ＞CK，各处理的容重差异集中表现在表层 0～10cm 以内，不同处理在 30cm 以下土层差异不明显。

压实对表土容重影响最大，尤其是 0～10cm 土层，1999～2002 年平均，压实使播种时的容重平均增大 0.1 g/cm³，影响出苗和水分下渗。压实的影响逐年日益明显。

覆盖对容重几乎没有影响（STCN 和 STNN 平均容重无显著差异）。

在无压实的情况下，耕作与否对容重影响不大（NTCN 和 STCN 平均容

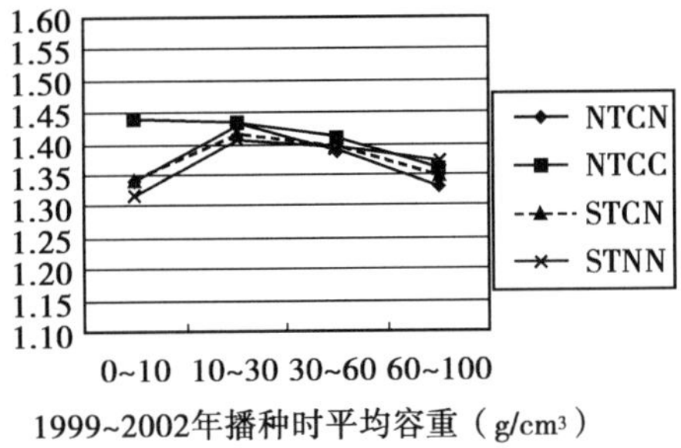

图 2－12　1999～2002 年不同处理播种时的容重（g/cm^3）

重无显著差异）。

三、作物产量

保护性耕作的产量效应是多种因素（秸秆覆盖、地表耕作等）作用的结果，这些因素对土壤水分、容重、地温等的影响，最终导致对作物生长及产量的影响。

收获前从各重复随机取 1 个 5m×1 行样本点，共 20 个样本点，进行测产考种，产量结果如表 2－17。

表 2－17　1998～2002 年不同处理的测产考种结果

年份	处理	株距（m）	行距（m）	穗/亩	粒/穗	果穗长（cm）	果穗粗（cm）	千粒重（g）	产量（t/hm^2）	比 CK 增加（%）
1998～2002 平均	NTCN	0.34	0.66	3 178.52	347	19.00	15.84	158.49	4.13	
	NTCC	0.35	0.65	3 146.26	348	19.11	15.86	150.69	3.97	
	STCN	0.33	0.66	3 228.30	352	19.42	16.11	158.29	4.27	
	STNN	0.34	0.66	3 175.01	332	18.92	15.87	141.89	3.64	
1999～2002 平均	NTCN	0.36	0.66	2 927	434	19.00	15.84	198.05	4.12	5.85
	NTCC	0.38	0.65	2 787	435	19.11	15.86	188.30	3.80	－2.42
	STCN	0.36	0.65	2 923	440	19.42	16.11	197.81	4.23	8.64
	STNN	0.37	0.65	2 810	415	18.92	15.87	177.31	3.51	－9.98
	CK	0.44	0.68	2 332	508	20.43	16.69	208.05	3.89	

（续表 2－17）

年份	处理	株距（m）	行距（m）	穗/亩	粒/穗	果穗长（cm）	果穗粗（cm）	千粒重（g）	产量（t/hm^2）	比 CK 增加%
1998	NTCN	0.23	0.68	4 184	357			256.00	4.17	
	NTCC	0.21	0.68	4 581	327			252.00	4.63	
	STCN	0.22	0.69	4 447	359			246.00	4.42	
	STNN	0.21	0.70	4 659	358			220.00	4.17	
1999	NTCN	0.33	0.69	3 095	402	16.28	14.44	218.00	3.46	2.41
	NTCC	0.33	0.69	2 990	432	16.43	14.75	215.00	3.54	4.76
	STCN	0.34	0.69	2 821	427	16.07	14.34	226.00	3.47	2.89
	STNN	0.33	0.69	3 010	400	16.47	14.07	223.00	3.42	1.43
	CK	0.31	0.69	3 122	412	14.73	14.27	206.00	3.38	
2000	NTCN	0.29	0.67	3 434	379	18.50	15.90	216.00	3.58	6.08
	NTCC	0.33	0.66	3 060	348	17.10	15.40	211.00	2.86	－15.23
	STCN	0.28	0.69	3 453	431	18.80	16.40	221.00	4.19	24.16
	STNN	0.33	0.67	3 013	350	17.40	15.80	215.00	2.89	－14.43
	CK	0.48	0.64	2 173	575	22.20	17.10	212.00	3.38	
2001	NTCN	0.39	0.72	2 373	433	19.90	15.80	237.00	3.10	17.16
	NTCC	0.41	0.69	2 353	444	21.10	16.10	209.00	2.78	5.05
	STCN	0.39	0.67	2 553	403	20.80	16.00	225.00	2.95	11.37
	STNN	0.39	0.70	2 440	432	20.50	16.40	180.00	2.42	－8.72
	CK	0.46	0.85	1 707	463	20.60	17.50	263.00	2.65	
2002	NTCN	0.44	0.54	2 807	523	21.3	17.2	339	6.35	2.76
	NTCC	0.45	0.54	2 747	516	21.8	17.2	333	6.02	－2.54
	STCN	0.43	0.54	2 867	500	22	17.7	345	6.31	2.11
	STNN	0.44	0.55	2 753	480	21.3	17.2	314	5.29	－14.33
	CK	0.52	0.55	2 327	583	24.2	17.9	357	6.18	

从 1999～2002 年平均产量分析，少耕、免耕、秸秆覆盖及控制压实相结合的保护性耕作可以增产，NTCN 和 STCN 分别平均比 CK 增产 5.9% 和 8.6%，而 NTCC 和 STNN 分别比 CK 减产 2.4% 和 9.9%。而且增产效应随着实行保护性耕作逐年表现更加明显。

1999 年方差分析结果表明，4 种处理的产量没有显著差异（置信度 90%）。免耕覆盖压实地的产量与无压实地之间的差别并不明显。经过浅松后，由于在土壤表层形成较好的种床，能够提高播种质量，从而作物产量略有提高。1998～1999 年严重干旱，休闲期和作物生育期的降水量都很少，覆盖、浅松和压实 3 种因素没有造成各处理土壤含水量、容重及地温的显著差异，这可能是导致 4 种处理出苗及产量没有显著差异的原因之一。

2000 年保护性耕作 STCN 和 NTCN 的产量明显好于传统耕作，分别比传统 CK 增产 24.2% 和 6.1%；而 NTCC 和 STNN 分别比传统 CK 产量低 15.2% 和 14.4%。保护性耕作比 CK 的千粒重都略有增加，而且保护性耕作提高了亩有效穗数，STCN 和 NTCN 分别比 CK 的亩有效穗数多 58.9% 和 58.0%。覆盖、压实和耕作三因素都对产量有较大影响，STCN 和 NTCN 分别比 STNN 的产量提高 45.1% 和 24.0%，土壤压实（NTCC）使产量比 NTCN 低 20.1%，地表浅松（STCN）比免耕（NTCN）产量高 17.0%。

2001 年由于苗期干旱缺苗，产量不佳，千粒重较 2000 年明显下降，个别处理成熟度不好。保护性耕作 STCN 和 NTCN 的产量明显好于传统耕作，STCN 和 NTCN 分别比传统增产 11.4% 和 17.2%；NTCC 比 CK 增产 5.1%，STNN 比传统产量低 8.7%。实行保护性耕作，可以增加种植密度，STCN 和 NTCN 分别比 CK 的亩有效穗数增大 49.6% 和 39.0%。覆盖、压实和耕作 3 种因素都对产量有较大影响，秸秆覆盖的作用最大。STCN 和 NTCN 分别比 STNN 的产量提高 22.1% 和 28.4%，土壤压实（NTCC）使产量比 NTCN 低 10.6%，地表浅松（STCN）比免耕（NTCN）产量低 5.0%。

2002 年是 1997 年建立试区这几年中产量最高的一年。亩穗数、穗粒数及千粒重都有不同程度的提高，尤其是千粒重的提高尤为明显。保护性耕作 STCN 和 NTCN 的产量略高于传统耕作，压实造成明显的减产，总的产量排序为 NTCN > STCN > CK > NTCC > STNN。该年降雨量大，保护性耕作的产量优势体现不如往年明显。分析覆盖、压实和耕作三因素对产量的影响，STCN 和 NTCN 分别比 STNN 的产量提高 19.2% 和 19.9%，无压实（NTCN）比土壤压实（NTCC）的产量高 5.5%，地表浅松（STCN）比免耕（NTCN）产量略低。

四、水分利用效率

综合生长期降雨、土壤水分变化及作物产量，总结 1998～2002 年的水分利用效率数据如表 2－18。

表 2－18　1998～2002 年的水分利用效率　（单位：kg/mm）

年份	项目	NTCN	NTCC	STCN	STNN	CK
1998 年 4 月	0～100cm 贮水	124.20	123.45	120.77	116.87	
1998 年 10 月	0～100cm 贮水	102.47	102.01	107.38	98.59	103.13
1998 年	生育期耗水（mm）	242.43	242.14	234.09	238.98	
（生育期降水 220.7mm）	水分利用效率	1.18	1.17	1.26	1.15	
1999 年 4 月	0～100cm 贮水	119.56	108.01	107.12	103.92	117.21
1999 年 10 月	0～100cm 贮水	159.02	150.59	155.77	145.55	145.77
1999 年	生育期耗水（mm）	295.44	292.32	286.25	293.27	306.34
（生育期降水 334.9mm）	水分利用效率	0.78	0.81	0.81	0.78	0.73
2000 年 4 月	0～100cm 贮水	158.81	157.18	156.01	154.58	125.35
2000 年 10 月	0～100cm 贮水	149.80	154.63	152.26	150.44	142.75
2000 年	生育期耗水（mm）	249.00	242.55	243.75	244.14	222.60
（生育期降水 240mm）	水分利用效率	0.96	0.79	1.15	0.79	1.01
2001 年 4 月	0～100cm 贮水	158.55	163.00	156.80	151.20	160.45
2001 年 10 月	0～100cm 贮水	185.92	168.20	180.82	179.53	187.87
2001 年	生育期耗水（mm）	346.63	368.79	349.98	345.67	346.58
（生育期降水 374mm）	水分利用效率	0.60	0.50	0.56	0.47	0.51
2002 年 4 月	0～100cm 贮水	163.50	156.36	158.14	150.65	153.24
2002 年 10 月	0～100cm 贮水	179.57	174.98	177.32	178.62	171.97
2002 年	生育期耗水（mm）	318.93	316.38	315.82	307.03	316.27
（生育期降水 335mm）	水分利用效率	1.33	1.27	1.33	1.15	1.30
1998～2002 年平均	生育期耗水（mm）	290.49	292.44	285.98	285.82	297.95
	水分利用效率	0.97	0.91	1.02	0.87	
1999～2002 年平均	生育期耗水（mm）	302.50	305.01	298.95	297.53	297.95
	水分利用效率	0.92	0.84	0.96	0.80	0.89

注：贮水量和耗水量的单位：mm；水分利用效率的单位：kg/mm。

从 1999～2002 年平均水分利用效率分析，少耕、免耕、秸秆覆盖及控制压实相结合的保护性耕作可以提高水分利用效率，NTCN 和 STCN 的水分利用效率分别高 0.03（3.4%）和 0.07（7.9%），而 NTCC 和 STNN 比 CK 的水分利用效率都低，分别低 0.05（5.6%）和 0.09（10.1%）。

第四节　固定道保护性耕作的水土保持效果

在进行固定道保护性耕作技术体系试验研究的同时，专门建立了径流试验区，并进行了降雨模拟试验，研究固定道保护性耕作条件下各种因素对土壤和水分保持的影响。

一、自然降水试验

1997 年 10 月在春玉米试验区建立了自然降雨径流试验区。1998 年开始每年从 5 月初到 10 月底测试降雨、径流等数据。

测试区设 6 种处理：

1）免耕覆盖不压实（NTCN）：秋季收获后将秸秆粉碎留在地表，春季免耕播种；

2）免耕覆盖压实（NTCC）：收获后将秸秆粉碎留在地表，用铁牛-55 拖拉机压实土壤，春季免耕播种；

3）免耕不覆盖压实（NTNC）：收获后移走秸秆，用铁牛-55 拖拉机压实土壤，春季免耕播种；

4）浅松不覆盖不压实（STNN）：收获后移走秸秆，春季播种前浅松，松土深度 5 ~ 10cm；

5）浅松覆盖不压实（STCN）：收获后将秸秆粉碎留在地表，春季播前浅松，松土深度 5 ~ 10cm；

6）传统翻耕（CK）：收获后移走秸秆，用铧式犁翻耕并耙地，春季耙地播种。

各处理分组对比如下：

CK 与 NTCN、STCN 对比，分析保护性耕作相对于传统耕作的保水保土效果；

NTCC 与 NTCN 对比，分析免耕覆盖条件下压实因素的影响；

STCN 与 STNN 对比，分析浅松不压实条件下覆盖因素的影响；

STCN 与 NTCN 对比，分析覆盖不压实条件下耕作因素的影响；

NTNC 与 NTCC 对比，分析免耕压实条件下覆盖因素的作用。

径流区如图 2 – 13。

试验区坡度约 5%，每一小区面积 20m × 5. 6m，种植 8 行春玉米。试区总体宽 33m，长 43. 5m；作物区的东西两侧各设 3. 2m 宽的保护带，种 4 行玉米。为防止人畜进入试区破坏，试区四周用长 153m 的铁丝网围栏封闭。小区四周筑有高 0. 25m，宽 0. 4m 左右的挡水防渗土埂，西北角开出水口，引导径流至翻斗测量仪，测量后的水通过泄水管排走。挡水防渗土埂施工时，中间夹一层农用地膜，埋深 0. 5m，再覆盖土，并将土加水拍实，防止

图 2－13　自然降雨径流区

侧渗。进排水口都加防护网，以免秸秆等杂物堵塞排水系统。

试验主要测试项目包括降雨—径流同步数据和土壤流失量。采用 Tipping Bucket 翻斗式自动径流测试系统和自记雨量计，同步监测降雨与径流的动态过程，并测试土壤流失量。

气象数据的记录，采用从澳大利亚引进的全自动气象数据采集仪，实时采集降雨、气温、湿度、风向、风速等数据；另外，用人工记录的普通雨量筒作为参照。

Tipping Bucket 是一个偏心翻斗设备（图 2－14），当翻斗中的水达到标定容量时就会翻转，翻转水量在仪器使用前要经过标定。翻转速度不同时的翻转水量不同，经过动态标定，得出动态标定方程，该方程是数据采集和分析软件计算径流深度的重要依据[1~3]。

在翻斗的中心转轴两侧和翻斗架上，装有一对磁力簧片传感器，由一磁铁和一干簧管组成，当二者有相对运动，干簧管在数据采集电路中产生数字脉冲，此脉冲经过滤波、放大、计数等处理，与信号发生时的时间一起存入数据采集仪的 RAM 中，然后用数据读取软件读入计算机。每一试验小区安装一组径流测试装置，每一组装置包括接水控流槽、Tipping Bucket 系统、进出水装置、取样壶等。

每一小区的末端最低点设有沉淀池，小区的径流首先经过沉淀，大部分较大的泥沙颗粒沉淀下来；然后径流通过输水通道进入接水控流槽，控流槽内中间有一隔板，板上有几排尺寸不等的小孔，使水流缓缓流入另一侧，然

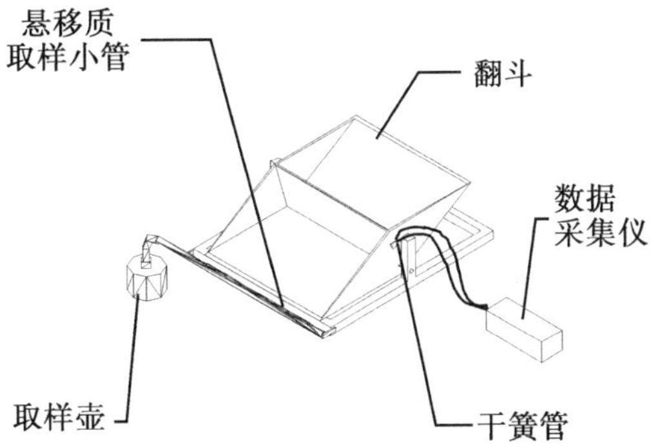

图 2－14　Tipping Bucket 系统简图

后沿一条与翻斗中心对称线平行的横槽垂直进入翻斗，这样不仅避免了冲溅，而且控流槽可以使径流中携带的泥沙大部分沉积下来，用于测量土壤流失。翻斗架上还装有一个带孔的取样小管，按一定比例取径流水样，存入取样壶中，用以分析径流中的泥沙及悬浮物浓度。

土壤流失的测试分两部分：沉淀池及控流槽沉淀下来的较大的泥沙颗粒，即为推移质；用过滤烘干的方法测定径流水样的悬移质浓度，算出悬移质总量。推移质总量与悬移质总量之和即为总的土壤流失量[4]。

1998～2002 年径流测试结果见图 2－15，土壤水蚀结果见表 2－19。

5 年中，1999 年和 2001 年径流量较大。1998 年免耕覆盖不压实（NTCN）可以比传统翻耕（CK）降低径流量 53.1%，1999 年 NTCN 比 CK 降低径流量 52.5%，2000 年 NTCN 比 CK 降低径流量 100%，2001 年 NTCN 比 CK 降低径流量 36%，2002 年 NTCN 比 CK 降低径流量 39%。1998～2000 年连续干旱，土壤较干燥，保护性耕作的蓄水能力表现突出，年平均减少径流 68% 左右；2001～2002 年雨水较多，土壤相对湿润，保护性耕作降低径流量作用减少约 40% 左右。5 年平均，免耕覆盖不压实可以比传统翻耕降低径流量 56%。

表 2－19　1998 年与 1999 年不同处理土壤流失量　（t/hm^2）

试验处理	NTCN	NTCC	NTNC	CK	STCN	STNN
1998 年	0.04	0.10	0.25	0.16	0.07	0.20
1999 年	1.45	3.76	11.33	7.34	2.28	10.18

表 2－19 说明，1998 年无集中大雨，土壤水蚀量几乎为零；而 1999 年

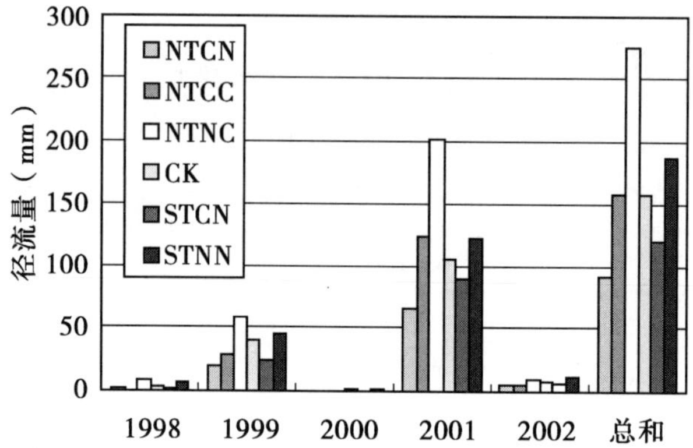

图 2-15　年径流量（1998～2002 年）

的暴雨造成了严重的土壤流失，免耕不覆盖压实的土壤水蚀量达 $11.3t/hm^2$，传统翻耕的土壤水蚀量 $7.3t/hm^2$，而免耕覆盖不压实的土壤水蚀量为 $1.5t/hm^2$，比传统耕作减少 80.2%。暴雨对农田的冲蚀不容忽视，而保护性耕作有明显的保土效果。

二、降雨模拟试验

1999 年 7 月玉米生长中期，进行了降雨模拟试验，主要是定量分析不同的覆盖率及不同程度的压实对水分入渗的影响。

在免耕覆盖地（NTCN）上设了 3 种不同的覆盖率水平，并进行了不同重量机具的压实处理，共 5 种处理，每种处理设 4 次重复。具体试验处理如下：

（1）NTCN0：免耕无压实；

（2）NTCN30：免耕无压实，覆盖率 30%；

（3）NTCN70：免耕无压实，覆盖率 70%；

（4）MT70：免耕中型拖拉机压实，覆盖率 70%；

（5）ST70：免耕小型拖拉机压实，覆盖率 70%。

各试验处理分组对比如下：

（1）*覆盖率*　在免耕无压实处理（NTCN）上设 3 种水平覆盖率：0%（NTCN0），30%（NTCN30），70%（NTCN70）；

（2）*压实*　免耕覆盖处理（NTCN）上设 3 种不同程度的压实：中拖压实（MT70）、小拖压实（ST70）和无压实（NTCN70）；中拖压实用 TN-600L 拖拉机，重 3.6t；小拖压实用金马-250 小四轮拖拉机，重量 1.2t。

试验主要测定降雨—径流随时间变化的动态过程及降雨前后的土壤含水率。

采用由澳大利亚引进的摆动喷头式降雨模拟器，它主要由供水系统、降雨系统和测试系统三大部分组成，具体组件有模拟降雨装置（包括3个可摆动的喷头和摆动频率控制器）、水泵、水压表、水箱、气吸器、取样集水筒、取样框等，整套系统由一汽油发电机带动（图2－16）。降雨模拟器的降雨量、雨型和降雨强度，可通过选定喷头、调节供水压力和控制喷头摆动速度来完成。本次试验中，选用压力60kPa，摆动刻度24，标定降雨强度82.5mm/h。

图2－16　人工模拟降雨装置

用面积为2m×1.5m的取样框经抽吸系统将径流收集到集水筒中，取样框从中间分为对称的两个小区，形成2m×0.75m的2个重复（图2－17）。径流量可从集水筒上的读数管直接读出。试验过程中，记录降雨及径流的起止时间，在径流开始后，每隔5min读取一次集水桶读数，绘制降雨与径流的过程曲线，直到径流强度达到稳定时停止降雨。

试验采用烘干法测定压实前后及降雨前后表层的土壤含水率及容重。

1. 压实对土壤容重的影响

图2－18为各处理对不同土层深度的土壤容重的影响。从中可以看出，供试土壤由于长年翻耕，在20～30cm之间形成很明显的犁底层；而两种机型压实的影响范围都在30cm以内。具体分析如下：

（1）在0～10cm土层，两种机型都使表层10cm的容重显著增加，小拖

图 2－17 人工模拟降雨取样框

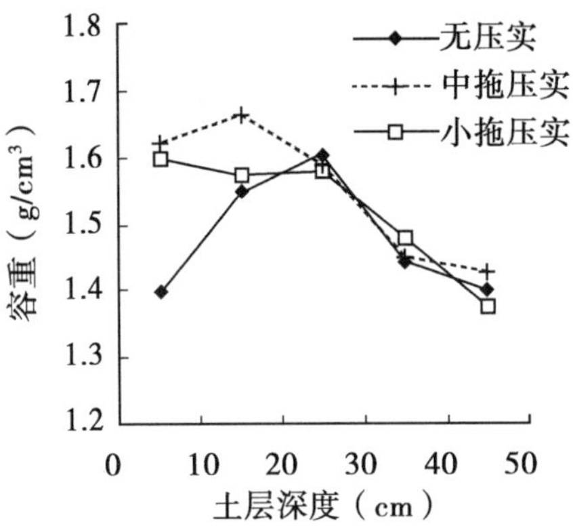

图 2－18 压实对土壤容重的影响

拉机使土壤容重由 1.40g/cm³ 增大到 1.60g/cm³，而中型拖拉机使容重增大到 1.62g/cm³，两者之间的差异不明显，说明小拖拉机对土壤表层的压实也相当可观。

（2）在 10～20cm 土层，中型拖拉机使容重由 1.55g/cm³ 增大到 1.66g/cm³，效果显著；而小拖拉机压实处理的容重为 1.57g/cm³，多重比较结果显示，其与非压实的容重差异不显著，说明小拖拉机对该土层压实不明显。

（3）30cm 以上的深度压实效果不明显。机具总重量不同，压实深度也不同。小拖的压实深度基本在 10cm 以内，而中型拖拉机的压实深度在 20cm 以上。

压实增加了土壤容重，减少了土壤孔隙度，降低水分入渗量，降低土壤通气性能，影响根系发育及水分吸收。据李汝莘研究[5]，在 0～10cm 的耕层内，压实主要导致大孔隙度的减小，而毛管孔隙度增加；在 10～20cm 的耕层内，大孔隙度和毛管孔隙度均减小。大孔隙的减少，降低了土壤的通气性和入渗性能；而小孔隙的增加，提高了表层土壤吸附水的能力，其吸水力高于下层土壤，水分不易向下运动，减少了入渗量。

2. 压实对径流量及入渗过程的影响

图 2 – 19 和图 2 – 20 分别为不同压实程度下的累积径流量和相应的入渗率变化曲线。

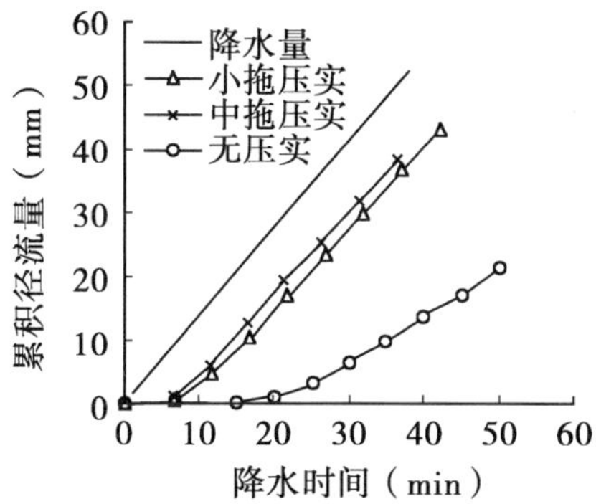

图 2 – 19　压实对累积径流量的影响

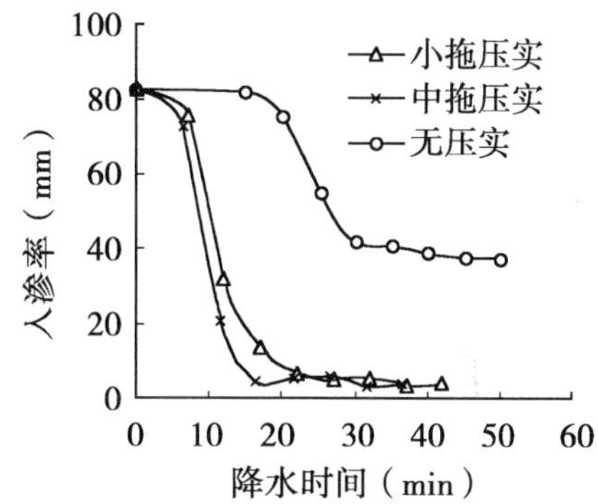

图 2 – 20　压实对入渗率的影响

无压实处理在开始降雨约 20min 左右开始径流，入渗率降低缓慢，最终入渗率为 38mm/h。压实处理在降雨 7min 时就开始产生径流，比无压实处理提前 13min，且很快达到饱和，入渗率迅速降低至最低值 5mm/h 左右，径流量远高于无压实处理。

以降雨开始后 40min 时的径流量对比，压实处理比无压实处理径流量高 2. 2 倍，入渗率低 85. 4%。轮胎的压实破坏了表层土壤的结构，使入渗性能降低，径流量增加。

从图 2 – 19 和图 2 – 20 也可看出，中拖压实与小拖压实的径流量（及入渗率）无明显区别，中拖压实径流量略高于小拖压实，二者的最终入渗率一致。这说明，虽然二者压实的影响深度不同，但表层土壤的压实对入渗起决定性作用，地表压实层成为土壤入渗的限制层。小型拖拉机对土壤的压实问题不容忽视，尤其是在土壤含水率较高的条件下，要避免机器下地作业。采用其他合理的耕作方法，如固定道作业法，将压实限制在固定的非作物生长带，是解决该问题的有效方法[6]。

3. 压实对土壤含水率的影响

图 2 – 21 为不同压实条件下降水前后的土壤体积含水率。

如图 2 – 21，降水后，压实处理的表层 0 ~ 20cm 土壤水分增加，而在下层水分几乎无变化，说明地表压实层限制了水分入渗，造成地表径流。而无

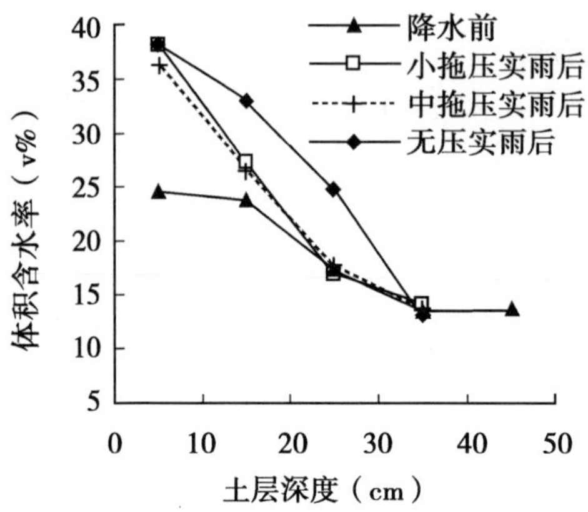

图 2-21　压实对土壤容积含水率的影响

压实处理的表层体积含水率接近于压实处理，但水分明显向下层土壤分布，总的入渗量高于压实处理。

从 50cm 深度内的水分测算结果来看，无压实处理的总入渗量为 31.5mm，小拖压实的总入渗量为 11.3mm，中拖压实的入渗量为 7.3mm，压实使入渗量减少了 70.5%。

4. 不同覆盖率对径流和入渗的影响

在免耕无压实条件下，比较不同覆盖率对累积径流量和入渗量的影响，如图 2-22 和图 2-23。

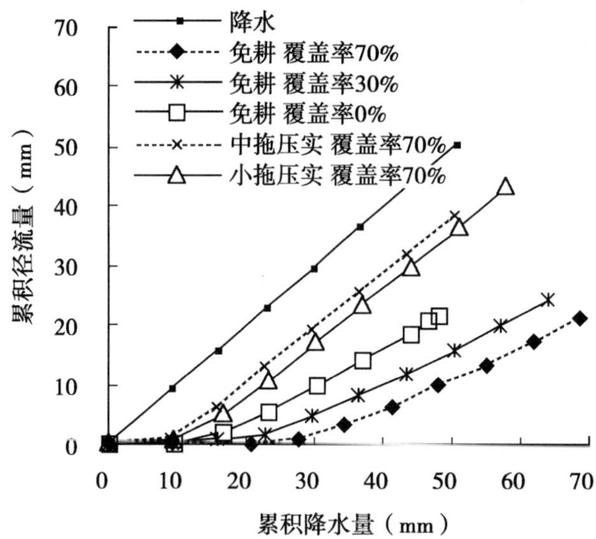

图 2-22　覆盖率对累积径流量的影响

从图 2-22 和图 2-23 分析，覆盖可以延缓径流的产生，并降低最终入渗率。30% 覆盖与 0% 覆盖的开始径流时间都在约 10min 左右，而 70% 覆盖则约在 20min 左右开始径流。随着覆盖率的增加，达到稳定入渗的时间越长，且最终稳定入渗率越高，覆盖率 70% 的最终入渗率为 38mm/h，30% 覆

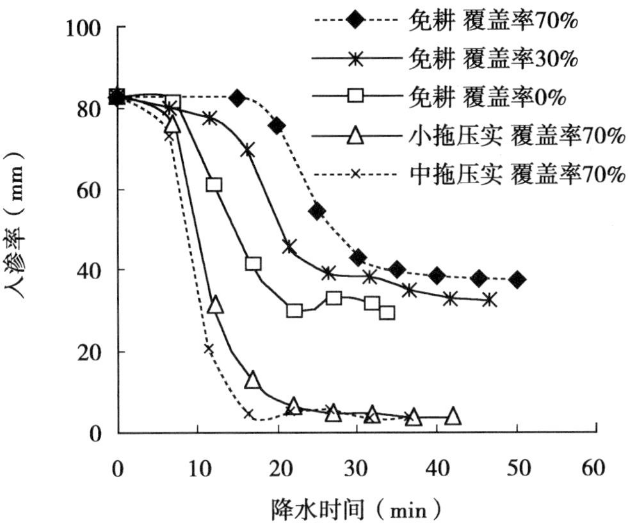

图 2-23　覆盖率对入渗率的影响

盖最终入渗率 35mm/h，无覆盖最终入渗率 30mm/h。压实和覆盖率都对径流和入渗有较大影响，压实的影响远高于覆盖率的影响。压实使径流提前13min 产生，使最终入渗率降低 85.4%；而秸秆覆盖使径流延迟 10min 产生，使最终入渗率提高 26.7%。

我国北方旱地春玉米种植区，机器进地作业一般是在 4 月播种和 10 月收获、粉碎等，这时土壤比较干燥，所以两年的大田试验表明压实的影响还不太明显，低于覆盖率的影响。而在作物生长季，喷药及中耕锄草等作业一般是人工来完成的，压实影响程度不大。只要机具下地时的土壤水分适宜，我国的中小型机具作业对土壤的压实还不是很严重。但如果土壤水分较高，超过土壤的塑性下限，小拖拉机也会对土壤造成较大破坏，降低土壤入渗能力。不同的土壤，这个水分下限是不一样的，需要大量试验分析。

根据试验，保护性耕作具有明显的减缓水土流失，增加水分入渗的效果。在土壤含水量较低时，秸秆覆盖对径流入渗的影响最大，压实次之。在土壤较湿润的条件下，压实的影响大于覆盖率的影响；随着土壤含水量的增大，覆盖的影响减弱，压实的作用增强。有秸秆覆盖配合时，表土耕作可以延缓径流，提高入渗率，减少径流量；但如无秸秆覆盖配合，降雨的能量会很快消除耕作的效果，使地表产生结壳，从而使径流量增加。

在土壤含水量较高的情况下，机具轮胎可以对土壤造成严重的压实，使表层土壤容重增大，降低土壤的入渗性能，增加径流量。机器越重，压实的影响深度越大。试验表明，小拖的压实主要在10cm以内，而中拖的压实可以达到20cm以上。表层土壤结构对水分入渗起着决定性作用，中拖与小拖两种机型都使表层10cm的容重显著增加，入渗量及入渗率明显低于无压实处理，但二者之间无明显差别。

第五节　一年一熟区固定道保护性耕作试验效果总结

经过土壤压实和固定道保护性耕作试验，可以得出以下的初步结论：

（1）在水分合适情况下，各种类型的作业机械都可以对土壤造成严重的压实；

（2）压实能够破坏土壤结构，降低土壤水分入渗能力；

（3）固定道作业能够减轻作业机械对土壤的压实程度和范围，保持良好的土壤结构，减轻土壤径流强度和减少径流量；

（4）虽然固定道占用了20%的土地，但是并未影响作物总产；

（5）固定道可以在一定程度上做到精细作业，提高作业质量和机组作业率。

对于玉米这类宽行距作物，固定道作业不会减少作物种植实际面积，不会造成减产。固定道作业能够减轻作业机械对土壤的压实程度和范围，保持良好的土壤结构，可以保证作物生长带实现真正的免耕，有利于出苗和作物生长，提高产量，尤其适合地头较长、机具较大的大型农场。

对于冬小麦这类密植作物，在覆盖、压实与耕作3因素中，压实和耕作与否对土壤蓄水影响不大，对土壤蓄水影响最大的是覆盖因子。压实会增加表层到耕作层的容重，而且这种影响会持续到第二年收获时，也就是说，压实会影响小麦生育全程，对小麦播种、出苗、成穗、千粒重及水分利用效率等均造成不利影响，进而影响小麦产量。实行固定道耕作可以减少压实，降低耕作层的土壤容重，有利于小麦生长发育。

另外，采用固定道作业的配套机具及管理措施尚待进一步研究，对驾驶员要求高，作业效率低；对于小地块，地头转弯部分的压实和产量损失所占比例较大，而且固定道的维护难度比较大。

主要参考文献

[1] Yu B., Cakurs U. A. Technical Assessment of Rainfall and Runoff Calculation Using DATALOG, DATAMAN and DATASUM. August 1998, Faculty of Environmental Sciences, Griffith University, Australia.

[2] Yu B., Cakurs U., Rose C. W. An Assessment of Methods for Estimating Runoff Rates at the Plot Scale. Trans. of the ASAE, 1998, 41 (3): 653 ~ 661.

[3] Yu B., Ciesiolka C. A. A Note on Sampling Errors in the Rainfall and Runoff Data Collected Using Tipping Bucket Technology. Trans. of the ASAE, 1997, 40 (5): 1 305 ~ 1 309.

[4] Ciesiolka C. A., Coughlan K. J. Methodology for a Multi-country Study of Soil Erosion Management. Soil Technology, 1995, 8: 179 ~ 192.

[5] 李汝莘．旱地保护性带状耕作增产节能机理及试验装备研究［D］．中国农业大学，1998：5.

[6] Tullberg J. N. Controlled Traffic: Progress and Potential. In: Proceedings of the 2nd National Controlled Traffic Conference. 26 ~ 27 August, 1998. The University of Queensland, Gatton College, Australia.

[7] 寿阳县土壤普查办公室．寿阳土壤，1983.

第三章　北方一年两熟区固定道保护性耕作研究

第一节　北方一年两熟区固定道保护性耕作技术体系

一、北方一年两熟区农业生产存在的问题

中国北方一年两熟区是指北方旱作区年积温较高、有灌溉条件、能够进行一年两熟种植的地区，包括华北平原大部（河北、河南、山东、北京、天津等地）、山西中南部、陕西关中等部分地区。本区气候属温带—暖温带半湿润偏旱区和半湿润区，年降水量450～800mm，灌溉条件相对较好。农业土壤类型多样，大部分土壤比较肥沃，水、气、光、热条件与农作物需求基本同步，可满足一年两熟或两年三熟种植制度的要求，主要作物为小麦、玉米、花生和棉花等，是我国粮食主产区。

本区人口密集，劳均耕地面积小，为了在有限的土地上生产出更多的粮食，均实行精耕细作，提水或表水灌溉，一年两熟，高投入、高产出。本区多为小麦—玉米两茬平作，山东等地实行小麦—玉米两茬间作套种，也有的少数地方实行小麦—大豆两茬平作。

土壤侵蚀和耕地资源退化，环境污染严重，是制约我国北方一年两熟区农业发展的一大重要限制因素。一直沿用的传统耕作模式长期在同一深度下进行机械翻耕土地，使农田土壤垂直剖面上形成明显的耕作层、犁底层和心底层，造成了土壤结构的破坏，再加上由于土壤风、水蚀严重，地表和地下水资源的过度利用，使得退化日益严重，造成了耕地面积的迅速减少。同时，我国北方灌溉区，尤其是华北平原，秸秆问题日趋严重。在农业丰收之后，随着农民收入增加，由于少用秸秆作肥料和燃料，出现秸秆过剩，再加作物复种指数提高，小麦机收面积扩大，麦秸留茬过高，灭茬机械和免耕技术推广没跟上，造成农时紧张，农民通常将前茬收获后的秸秆就地焚烧，大量焚烧作物秸秆产生的大气污染，严重影响生物的生存环境和人类的生活空

间，不利于生态平衡的发展。

农业生产成本高，经济效益差是制约我国北方一年两熟区农业发展的又一重要限制因素。以北京为例，农业机械的配备量达6～10kW/hm^2，大大超过了全国平均配备水平。主要原因是作业时间集中，作业期太短。其次是机器综合利用差。三夏和三秋期间，为了抢农时，保证播种时间和质量，就要投入大量机械和人力，增加了生产成本。大量机器在田间随机行走，造成严重的土壤压实。传统耕作下，压实面积为100%；压实破坏了土壤的结构，增加径流和土壤侵蚀；同时增加了机具作业的阻力，增加了动力消耗，加剧了环境污染，不利于农业的可持续发展。

保护性耕作在北方一年两熟区的大范围推广应用，可以改善土壤结构，提高土壤蓄水量，可以减少作业环节，提高机器在不同气候条件下的可作业性，可以在一定程度上缓解机具、人力的紧张程度，解决时间与机器、农机与农艺之间的矛盾，提高产量。但在平作、免耕的保护性耕作系统中，拖拉机和农机具在田间任意行走，如果将所有作业工序累加，土壤压实面积累计可达到100%。但是随着机械化水平的不断提高，保护性耕作中机器随机行走带来的土壤压实问题逐渐凸现出来。研究表明，土壤压实会影响几茬作物的产量，破坏土壤结构，增加径流和土壤侵蚀，不利于农业的可持续发展。

华北地区是典型的高投入、高产出农业生产模式，机器配备量大，作业时间短。如何控制机具对土壤的压实、避免重蹈发达国家的旧辙以及提高保护性耕作的综合效益已引起国内学者的高度重视。

二、北方一年两熟区固定道保护性耕作技术体系设计

固定道保护性耕作技术作为一项新型的可持续农业生产技术，在澳大利亚、欧洲和北美等国家和地区都得到了较大面积的应用，各国的试验研究都表明固定道保护性耕作技术具有高效节能、保土和增产等效应。农业部保护性耕作研究中心1997年开始一年一熟区固定道保护性耕作技术的研究，结果表明，固定道保护性耕作体系具有改良土壤，减少生产投入，降低成本等明显优势。

在一年一熟区固定道保护性耕作技术研究的基础上，针对我国北方一年两熟区农业生产存在的问题，农业部保护性耕作研究中心从2005年开始在一年两熟区开展固定道保护性耕作技术的研究，研制适合华北一年两熟区的固定道配套免耕播种机具，综合评价固定道保护性耕作的资源环境效益和经济效益，找出一套比较完善的、适合我国华北一年两熟区的固定道保护性耕

作生产模式，促进农业可持续发展。

1. 固定道的设计

土壤压实改变土壤物理化学过程，改变土壤结构，增加土壤容重，降低水气通透性，阻碍作物的生长，降低产量。机具行走是造成压实最重要的原因，且压实程度随进地次数增加。固定道保护性耕作技术区分机具行走带和作物生长带，从而减少机具对作物生长带的压实，改善了作物生长带的土壤结构。因此，固定道保护性耕作系统的设计必须综合考虑现有机具的尺寸，减少机具压实的面积，从而设计出适合该地区的固定道保护性耕作体系。

北方一年两熟地区保护性耕作技术主要包含4项关键作业，即小麦免耕播种、小麦收获、玉米免耕播种和玉米收获。在北京一年两熟地区，玉米收获主要以人工为主，其余3项作业以机械化作业为主。小麦和玉米免耕播种机以悬挂式为主，小麦收获主要以跨区作业联合收割机为主。因此，固定道保护性耕作系统的设计应主要考虑拖拉机和小麦联合收割机尺寸和动力的配套问题。

在我国北方一年两熟地区，除北京、天津等经济较发达地区配备有一定的大型拖拉机外，多数地方还是以中小型拖拉机为主。中小型拖拉机轮距较窄，动力有限，一次作业幅宽较小。如果采用固定道保护性耕作系统，机具行走道的占地面积较大。同时，由于经济条件的限制，加宽拖拉机轮距会增加农户的成本，不利于技术的推广应用。因此，固定道保护性耕作系统的设计，应当立足于不改变现有农业机具，即拖拉机和收割机尺寸，选择合适的机型，确定最佳的机具配套方案。

表3-1　3种主要的轮式拖拉机尺寸和动力参数

型号	前轮中心距（cm）	前轮宽度（cm）	后轮中心距（cm）	后轮宽度（cm）	配套动力（hp）
铁牛654	145	22	150	40	65
铁牛60	150	22	150	40	60
上海50	130	22	135	40	50

在现有的履带式、两轮驱动以及四轮驱动3种拖拉机机型中，履带式拖拉机具有良好的附着性能，但是履带费用高、磨损较快、传动损失也较大，因此主要用于土壤松软、需要较大牵引力和驱动轮滑转率较大条件下，进行土壤耕作和农田基本建设作业。因此，试验选用拖拉机为轮式拖拉机。为使试验研究结果尽可能地贴近实际，具有更广泛的推广基础，本实验综合比

较了京郊实验区3种主要的轮式拖拉机动力和尺寸（表3－1）。在华北一年两熟区，小麦收获以跨区作业为主。小麦联合收割机主要是新疆2A和福田谷神系列，一部分地方还有佳联的收割机。其主要尺寸如表3－2所示。

表3－2　常用的小麦联合收割机尺寸

型号	前轮中心距（cm）	前轮宽度（cm）	后轮中心距（cm）	后轮宽度（cm）	割幅（m）
新疆2A	170	40	160	26	2.1
谷神200	170	40	160	26	2
佳联1045	220	40	210	26	4

铁牛654为四轮驱动拖拉机，具有较大的驱动轮与土壤接触面积，附着性能也优于两轮驱动式拖拉机。在牵引负荷较重的情况下四轮驱动将增加约20%的牵引功率。同时，可以和小麦联合收割机实现最佳的尺寸配套。因此，选择铁牛654型拖拉机作为固定道保护性耕作系统的主要动力机械，可以使拖拉机和收割机的轮迹最大限度地相重合，并最大限度地减少土壤被压实的面积。选择新疆2A或者谷神200作为小麦收获机。

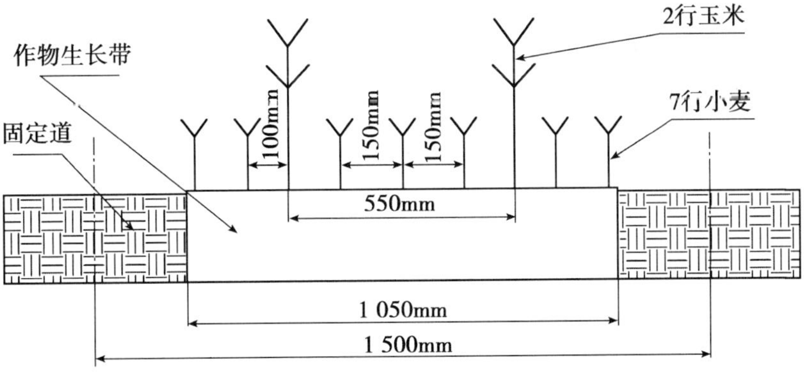

图3－1　一年两熟区固定道及作物布置示意图

因此，固定道保护性耕作系统设计以铁牛654型拖拉机为基础，相邻两行走道的中心距为1 500mm，行走道宽度为450mm，作物生长带宽度为1 050mm。图3－1是固定道形状尺寸和作物在生长带上的布置示意图。固定道作物生长带上种植7行小麦和2行玉米。为便于实现避茬播种，生长带上的小麦行距实行宽窄行布置，中间有玉米根茬两侧的小麦行距为225mm，其他小麦行距为150mm；生长带上的玉米行距为550mm，相邻固定道间的玉米行距为950mm。

2. 固定道保护性耕作体系试验方案设计

北方一年两熟区保护性耕作已经成为主要的种植模式。玉米生育期处于雨季，有时会隔年在玉米播种前进行深松作业，打破犁底层，积蓄更多的水分，促进玉米生长。玉米播种以免耕为主。由于玉米秸秆量大，小麦免耕播种易堵塞，一般会在玉米收获后旋耕粉碎作业。

在固定道保护性耕作系统条件下，华北一年两熟灌溉区小麦—玉米机械化生产的主要作业过程如图3－2。

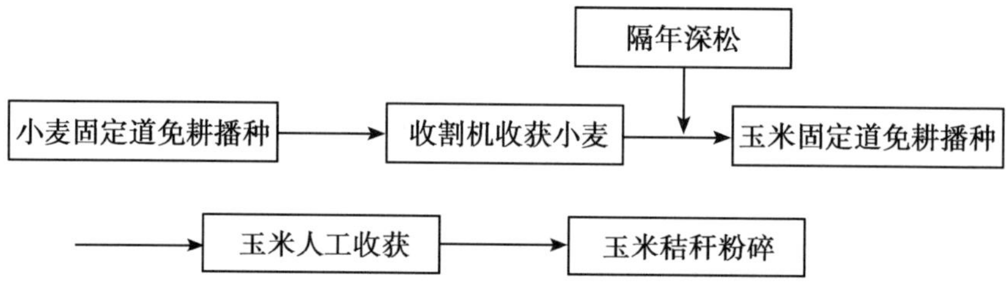

图3－2　小麦—玉米固定道生产主要机械作业流程图

固定道试验区设在北京市大兴区，为典型的暖温带半湿润大陆季风气候。四季分明，夏季炎热多雨，冬季寒冷干燥，春、秋短促。年平均气温10～12℃，1月－7～－4℃，7月25～26℃，极端最低－27.4℃，极端最高42℃以上。全年无霜期180～200天。年平均降雨量约600mm，降水季节分配很不均匀，全年降水的75%集中在夏季，7月、8月常有暴雨[1]。试验地土壤类型为砂壤土，土壤平均有机质小于1.0g/kg，土壤肥力中等偏下。种植冬小麦—夏玉米一年两熟作物，冬小麦10月播种，11月、3月、4月、5月每月各灌溉一次，6月收获；夏玉米在6月小麦收获后立即播种，7月左右灌溉一次，10月收获。

根据北京地区实际，设计两个试验因素：因素A—耕作方式，B—压实情况；A为3水平，B为2水平。

表3－3　试验方案设计表

	水平Ⅰ	水平Ⅱ	水平Ⅲ
因素A	免耕A_1	深松A_2	旋耕A_3
因素B	压实B_1	不压实B_2	

通过以上分析结合生产实际中的可行性，试验设置 4 种处理：

（1）固定道免耕（NTCN）：固定道玉米免耕 + 固定道小麦免耕；

（2）固定道深松（STCN）：固定道玉米深松 + 固定道小麦免耕；

（3）非固定道免耕（NT）：非固定道玉米免耕 + 非固定道小麦免耕；

（4）传统耕作（CK）：非固定道玉米免耕 + 非固定道小麦旋耕。

固定道免耕（NTCN）：具体作业工序如表 3 - 4 所示。小麦收获后直接进行玉米免耕播种，喷洒除草剂。玉米收获后，秸秆粉碎，免耕播种小麦。播种机为固定道系统配套的小麦玉米通用免耕播种机。作业时，拖拉机、播种机和小麦收割机行走在专用的行走道上。

表 3 - 4 大兴试验区不同耕作体系冬小麦、夏玉米生产作业工序

月份	STCN	NTCN	NT	CK
10 月	玉米秸秆粉碎	玉米秸秆粉碎	玉米秸秆粉碎	玉米秸秆粉碎
				旋耕
	小麦免耕播种	小麦免耕播种	小麦免耕播种	小麦免耕播种
11 月 ~ 翌年 5 月	喷灌 4 次	喷灌 4 次	喷灌 4 次	喷灌 4 次
6 月	冬小麦收获 全秸秆覆盖	冬小麦收获 全秸秆覆盖	冬小麦收获 全秸秆覆盖	冬小麦收获 全秸秆覆盖
	深松			
	玉米播种	玉米免耕播种	玉米免耕播种	玉米免耕播种
7 月	喷灌 1 次	喷灌 1 次	喷灌 1 次	喷灌 1 次
8 ~ 9 月	夏玉米生长	夏玉米生长	夏玉米生长	夏玉米生长
10 月	玉米收获	玉米收获	玉米收获	玉米收获

固定道深松（STCN）：具体作业工序如表 3 - 4 所示。深松作业在小麦收获后，玉米播种前进行，深度为 30cm。深松作业只是在第一季玉米播种前进行，第二季玉米未使用。玉米收获后，秸秆粉碎，免耕播种小麦。播种机为固定道系统配套的小麦玉米通用免耕播种机。作业时，拖拉机、播种机和小麦收割机行走在专用的行走道上。

非固定道免耕（NT）：具体作业工序如表 3 - 4 所示。小麦收获后直接使用固定道小麦、玉米免耕播种机（调整行距为 70cm）进行玉米免耕播种，喷洒除草剂。玉米收获后，秸秆粉碎，使用免耕播种机免耕小麦，行距为 19cm。作业时，拖拉机、播种机和小麦收割机在田间随意行走。

传统耕作（CK）：具体作业工序如表 3 -4 所示。小麦收获后直接使用固定道小麦、玉米免耕播种机（调整行距为 70cm）进行玉米免耕播种，喷洒除草剂。玉米收获后，秸秆粉碎。旋耕作业，深度为 10cm。小麦播种行距为 19cm。作业时，拖拉机、播种机和小麦收割机在田间随意行走。

第二节　北方一年两熟区固定道保护性耕作技术关键机具

一、北方一年两熟区固定道保护性耕作机器系统研究现状

根据图 3 -2，固定道小麦—玉米机械作业流程，主要的机械作业包括：小麦免耕播种、小麦机械化收获、深松作业、玉米免耕播种和玉米秸秆粉碎。因此，在小麦—玉米固定道保护性耕作机器系统中，急需研制的机具包括固定道小麦/玉米免耕播种机，固定道小麦收割机，配套机具主要为深松机和秸秆粉碎机。对于深松机，农业部保护性耕作研究中心已经研制出的深松机，已经基本满足了深松的要求。秸秆粉碎可采用 1JHY -150 型秸秆粉碎机。小麦收割机可以选用跨区作业的新疆-2A 型小麦联合收割机。因此，需要研究的关键机具为固定道小麦—玉米免耕播种机。

经过多年试验，一年两熟区小麦收获后免耕播种玉米的技术与配套机具已经基本上得到认可与应用，配套的玉米免耕播种机也相对较成熟，如施森宝等设计的 2BQM-6 型和它的改进型 2BQM-6D 型，大连农牧机械制造厂生产的 2BQM-6A 型免耕播种机等[2]。但是，一年两熟地区玉米秸秆覆盖地免耕播种小麦难度较大，原因有以下 3 点：一是小麦属于窄行密植作物，行距较窄，易在开沟器间产生堵塞；二是玉米根茬粗，不易灭除，根茬被拔起后，容易形成大坑，影响播种质量；三是玉米秸秆粗大、含水量大、韧性好，且覆盖量大，几乎达到小麦秸秆的两倍，粉碎时动力消耗大。上述因素给一年两熟区免耕播种小麦带来很大困难。玉米秸秆覆盖地小麦免耕播种机的缺乏是该类地区推广应用保护性耕作体系的主要制约因素。

针对华北平原一年两熟地区玉米收获后免耕直播冬小麦易堵塞这一难题，中国农业大学农业部保护性耕作中心结合动力驱动防堵和非动力驱动防堵的优点，研制了 2BMDF-12 型小麦免耕播种机，提出了动力驱动粉碎刀轴与圆盘开沟器联合防堵机构，提高了机具的通过性，成功解决了堵塞这一难题，刀轴上的刀片不入土，动力消耗小，土壤扰动性小[3]。但该机缺乏定

位装置，存在对不上玉米行的问题。当拖拉机驾驶员对行偏差过大时，开沟器可能碰到根茬，此时防堵直刀依然可以排堵，一般不会发生堵塞，但根茬被拔起，产生推土现象，造成回土能力下降，可能产生凹坑，从而影响播种质量。

解决玉米地免耕播种小麦堵塞问题的另一种有效方法是在玉米秸秆行间免耕播种小麦，播种机必须与玉米秸秆行平行前进，开沟器与玉米根茬保持一定距离以避免堵塞。农业部保护性耕作研究中心在固定道保护性耕作研究的基础上，研制开发了固定垄避茬免耕播种机，可以实现玉米秸秆地在固定道条件下小麦免耕播种。尽管通过垄沟定位可以实现避茬播种，但是由于玉米根茬粗大，也存在较严重的堵塞现象。因此，该机主要用于翻耕条件下小麦播种。

二、小麦—玉米通用固定道免耕播种机的设计

1. 总体设计思路

（1）设计要求　本机具主要针对北方一年两熟区固定道小麦—玉米免耕播种。由于受拖拉机、收获机尺寸和冬小麦、夏玉米播种行距（一般冬小麦播种行距为 15 ~ 20mm，夏玉米播种行距为 550 ~ 750mm）等因素的影响，固定道系统的设计以铁牛 654 为基础，固定道尺寸为：相邻行走道的中心距为 1 500mm，作物生长带宽度为 1 050mm，行走道宽度为 450mm。

因此，设计的免耕播种机配套动力要以铁牛 654 为基础，尺寸应满足该固定道作业系统的要求。在华北一年两熟地区，小麦免耕播种机在有大量玉米秸秆残茬及杂草覆盖地面上工作，为避免秸秆、杂草缠绕开沟部件而产生的堵塞，必须有较强的防堵能力。因此，免耕播种机应具有良好的破茬开沟和防堵能力，减少机具堵塞，尤其是玉米收获后免耕播种小麦，保证播种质量，从而保证作物产量。同时，机具应具有良好的通用性能，通过更换部件就可以实现小麦—玉米免耕播种，从而降低机具成本。

小麦秸秆覆盖地免耕播种玉米的技术基本成熟，玉米秸秆覆盖地免耕播种小麦是华北一年两熟地区急需解决的问题[4]。为了降低农户配置机具的成本，本机主要针对玉米秸秆覆盖的固定道免耕播种小麦问题，同时可以通过调整开沟器和排种器，更换玉米播种装置，完成玉米免耕播种，从而实现一机两用。机具共用部件为破茬施肥开沟器、种肥箱总成和机架等。针对机具堵塞问题，尤其是玉米收获后免耕播种小麦的问题，结合已有的免耕播种研究基础和固定道保护性耕作的具体要求，设计了固定道对行避茬作业与动

力驱动粉碎刀防堵机构相结合的防堵系统。

（2）防堵思路　避茬播种的可行性在于能否让开沟器有效地避开根茬。一年两熟地区玉米根茬的主根直径平均为 21mm，同行玉米秸秆分布在 40mm 幅宽内，即玉米植株的直线度偏差为 20mm 左右。由图 3－1 可知，小麦开沟器与玉米根茬间的最小理论中心距仅为 100mm。考虑到开沟器开沟的幅宽以及玉米须根的影响，驾驶员的行驶偏差只允许在 50mm 之内。超出这个范围，则开沟器比较容易碰到根茬，影响播种质量。在固定道作业系统中，车轮行驶在固定的行走道上，固定道的宽度和拖拉机轮距匹配。行走道可以对拖拉机进行导向，有利于开沟器避开残留的玉米根茬，实现避茬作业，避免拔起根茬形成凹坑，提高了机具通过性。

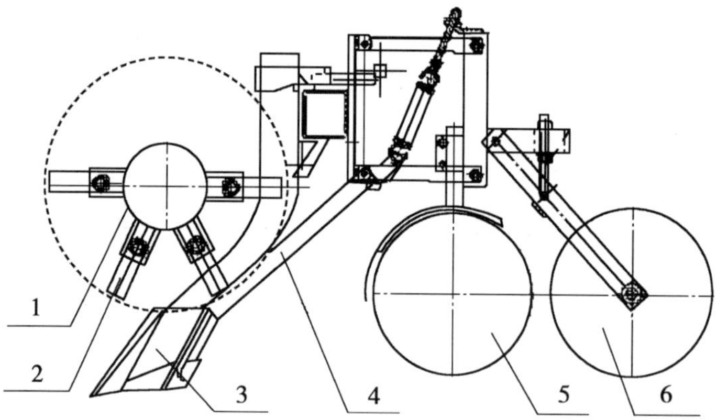

图 3－3　联合防堵机构示意图

1. 粉碎刀轴　2. 甩刀　3. 破茬施肥开沟器　4. 肥管　5. 双圆盘开沟器　6. 镇压轮

由于玉米秸秆量大，秸秆、杂草易缠绕开沟器形成堵塞，因此在固定道对行避茬的基础上，设计了动力驱动粉碎和双圆盘开沟器联合防堵机构。玉米秸秆被粉碎在根茬两侧 2～5cm 的范围内，防堵直刀伸进开沟器之间进行动力排堵，排走断落的秸秆，不会发生堵塞。动力驱动粉碎刀轴与圆盘开沟器联合防堵机构原理如图 3－3，破茬尖角开沟器破茬开沟并施肥，动力驱动粉碎刀轴上的甩刀打碎挂结在尖角开沟器铲柄上的玉米秸秆、杂草，破茬尖角开沟器锋利的铲尖，能切开或者勾起部分玉米根茬，甩刀同时也能打碎被铲尖勾起的玉米根茬，解决了开沟器铲柄易堵塞的问题。双圆盘开沟器在肥沟上二次开沟播种，需要的正压力小，解决了排种机构易壅堵的问题，同时播种机构采用单体仿形，能够有效控制播种深度，播深一致性好。

粉碎刀轴上的甩刀离地约有4~5cm的间距，工作时刀片不入土，主要用于破碎玉米秸秆而不灭根茬，土壤扰动小，动力消耗小。粉碎后的秸秆抛送至开沟器侧后方，有利于提高播种质量，覆盖在种行的碎秸秆较少，同时双圆盘播种开沟器能将秸秆、杂草推开，将种子直接播进土壤中，能够创造良好的种床，有利于种子发芽。

2. 关键部件设计

（1）*粉碎刀片的设计*　本播种机的粉碎刀片采用了刀端尺寸加宽的方法使刀片的重心外移，有锋利的刀刃，以提高切割能力。

直刀参数：长125mm，外宽50mm，宽40mm，厚5mm，刀刃厚度0.5~1mm，质量185g；

“L”形弯刀参数：长120mm，外宽50mm，宽40mm，厚5mm，刀刃厚度0.5~1mm，质量180g。

对刀片切割速度的问题，无支撑旋转式切割器其切割速度为25~50m/s。前人在研制秸秆还田机时做过大量的试验，对玉米秸秆切碎而言，刀端切割线速度大于34m/s时，粉碎效果较好。实际上影响秸秆粉碎效果的因素除了切割速度外，还受到作物含水率、切割刀片的锋利程度、是否安装定刀片、定刀片安装位置、秸秆受切部位等多种因素的影响。

本机构为旋转式切割器，其刀片最下端距地4~5cm，距离玉米根部较近，上部罩壳上安装定刀起扶持作用，粉碎刀轴上直刀的作用是能有效地打掉开沟器铲柄上缠绕的秸秆和杂草，防止开沟器堵塞，对粉碎后玉米秸秆的长度没有要求。本机设计刀片的切割线速度为34m/s。

（2）*粉碎刀轴的设计*

①*粉碎刀轴的转速*　粉碎刀轴的转速为：

$$n = \frac{60 \times v}{2 \times \pi \times \gamma} \tag{3-1}$$

式中：n—粉碎刀轴转速，r/min；

v—刀片刀端的线速度，m/s；

γ—刀片刀端的回转半径，mm，为轴管半径（90mm）、刀座与轴管的距离（60mm）、刀片刀端与刀座的距离（110mm）之和，即$\gamma = 260$mm。

所以将刀片的切割速度$v = 34$m/s，回转半径$\gamma = 260$mm代入式（3-1）得：

$$n=\frac{60\times v}{2\times\pi\times r}=\frac{60\times 34}{2\times\pi\times 0.26}\approx 1\ 250\text{r/min}$$

拖拉机动力输出轴转速为540r/min，安装在播种机上变速箱的传动比为1∶2.2，选择皮带传动比为1∶1.1，因此粉碎刀轴的理论转速为1 306r/min，能够满足刀尖的线速度大于34m/s，达到切断玉米秸秆的要求。

②*粉碎刀轴刀片的布置* 直刀和“L”形弯刀由销子固接在粉碎刀轴的刀座上，刀座的合理排列是设计粉碎刀轴的关键。目前刀座的排列有单螺旋线排列、双螺旋线排列、星型排列、对称排列等形式。螺旋线排列刀轴受力均匀，动力消耗小，粉碎效果好，机具振动小，但在粉碎的过程中秸秆侧向移动严重，会使播种机出现“一头沉”的现象。

在本机粉碎刀轴上共有4个“L”形弯刀刀座，14个直刀刀座，刀座数目较多，采用类似双螺旋线对称排列，刀座排列展开如图3-4所示。从图3-4中可以看出：在此种排列方式中，刀座的轴向间距和周向间角均相等，刀轴负荷均匀，因此保证了静平衡；在工作过程中相继粉碎秸秆的两组刀片沿中心截面基本对称，这样刀轴受力均匀，动力消耗小，避免了刀轴的左右摆动。而且不会使秸秆有向一侧推移的趋势，使粉碎后的秸秆抛撒均匀[5]。刀座焊接在刀轴上以后，在动平衡机上做了动平衡实验，动不平衡量能够满足要求。由于动平衡同时满足静平衡的条件，故粉碎刀轴也达到静平衡。

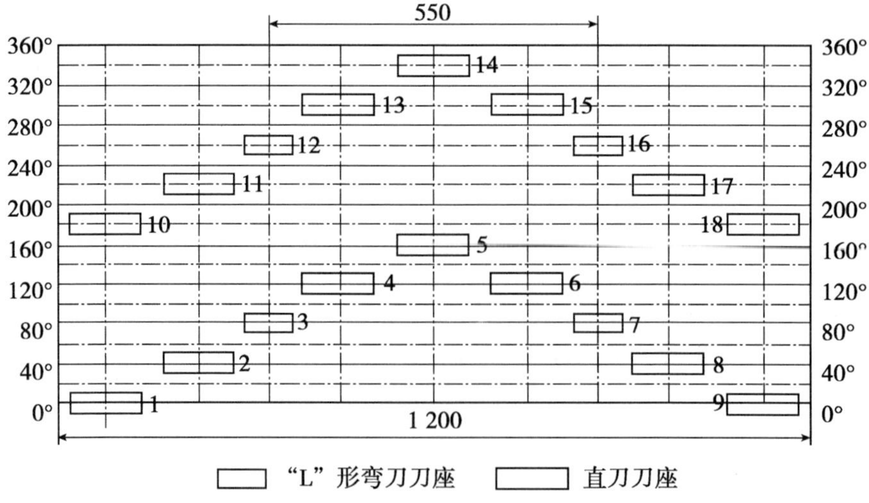

图3-4 刀座排列图

（3）开沟器的设计

①破茬施肥开沟器　免耕地表较传统翻耕整地后的地表紧实，且有大量的秸秆覆盖，开沟器入土困难，阻力大，要求开沟器有良好的破茬入土性能。开沟铲是直接与土壤接触发生作用的部件，它为施肥播种创造适宜的沟带。其结构不仅决定种肥沟的形状，而且影响开沟器的入土性能和整机的工作阻力。

短翼型尖角开沟器不仅开沟窄，易入土，入土深，动土量小，回土性能好、不易搅混土层，而且所需牵引力、垂直压力较小。尤其是当开沟深度较大时，其开出的沟与深松的沟形相似，即土壤上下松动，原地放回，不翻土，不乱土层。同时由于后窄，使它在铲柄上固定时，减小固定部件与土壤的接触面积，从而减小刮土、挂草。农业部保护性耕作研究中心多年的实践证明，短翼型尖角开沟器是免耕播种作业的最佳开沟器[6~7]。因此，本机采用短翼型尖角式开沟器破茬开沟施肥（图3－5，图3－6）。

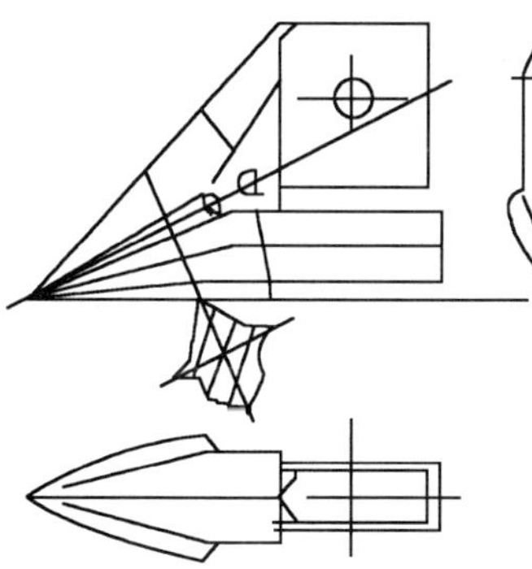

图3－5　尖角式短翼型开沟器结构示意图

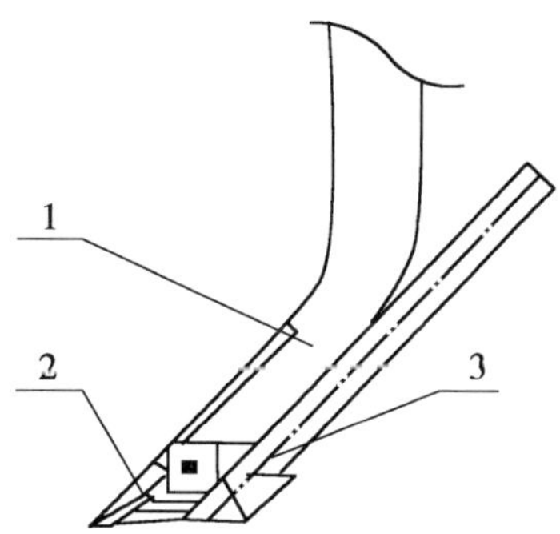

图3－6　破茬施肥开沟器

1. 铲柄　2. 尖角式短翼型开沟器　3. 肥管

②播种开沟器　双圆盘播种单体结构如图3－7，由平行四连杆机构、双圆盘开沟器和镇压轮总成组成。

采用双圆盘播种，为防止相邻两圆盘产生堵塞，相邻圆盘前后错开排列，采用平行四连杆单体仿形。双圆盘开沟器的工作部件是两片带有刃口的平面圆盘，圆盘自身可以绕小轴自由旋转，两圆盘并不平行，而是在前端相交于一点，后端张开10°～15°，交点在前方地表面处。如果交点高于地表面则开出的沟有较大的中间凸起，使种子播深不一；交点低于地表面则干土容易从交点上方的缝隙越入沟底。工作时双圆盘开沟器靠自身重力及弹簧压力入土，在土壤的反力作用下，圆盘在内外锥体所形成的“V”形槽内转

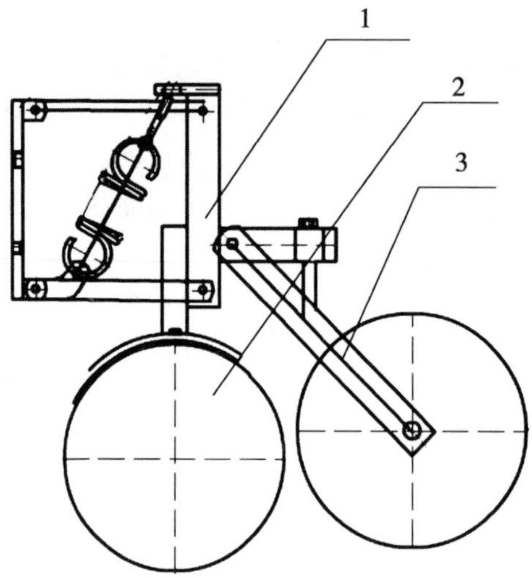

图 3－7　双圆盘播种单体结构图

1. 平行四连杆机构　2. 双圆盘开沟器　3. 镇压轮总成

动，用两个旋转的平面圆盘切开土壤，并将其向两侧推挤形成种沟。种子是由输种管在圆盘的张开部分导入沟底，然后靠沟壁塌下的土壤覆土。开沟时不会搅乱土层，且能用下层湿土覆盖种子。

采用双圆盘开沟器在肥沟上开沟播种，能将肥沟上的秸秆杂草推开，创造一个良好的播种环境，实现种肥垂直分层分施。双圆盘播种会使少量的土翻在肥沟的两侧，因此需要宽的覆土镇压轮将两侧的土挤压回沟内，将种子覆盖，有利于种子发芽，也有利于保墒。

为增加两组相邻单体的距离，防止秸秆、杂草在两个相邻播种单体的圆盘之间发生壅堵，将两组相邻单体前后错开排列，错开间距为 170mm，即半个圆盘的距离。

（4）*整机性能及主要技术参数*　固定道免耕播种机为 2BMF-2/7 型小麦玉米通用固定道免耕播种机，结合固定道特点，解决堵塞问题，实现固定道作业体系下的小麦、玉米免耕播种。该机小麦免耕播种机构根据固定道对行避茬原理设计，设计了动力驱动粉碎和双圆盘联合防堵机构，破茬尖角施肥开沟器开沟施肥，双圆盘播种单体下种，实现种肥分施，同时完成覆土镇压等工序，实现玉米秸秆覆盖地 7 行小麦固定道免耕播种。生长带上小麦成宽窄行布置，宽行为 22.5cm，窄行为 15cm。玉米免耕播种时，调整施肥开沟器和排种器，播种单体更换为河北农哈哈生产的一穴两粒玉米播种单体，实现两行玉米固定道免耕播种，玉米在生长带上行距为 55cm。其主要技术参数如表 3－5 所示。

表 3－5　小麦—玉米通用固定道免耕播种机主要技术参数

指标	参数值	指标	参数值	
			小麦	玉米
长×宽×高（mm）	1 978×1 820×1 440	播种深度（mm）	30～50	40～60
机具质量（kg）	450	施肥深度（mm）	80～100	80～100
播种幅宽（mm）	1 500	播种行数	7	2
工作效率（hm^2/h）	0.27～0.53	作物行距（mm）	150 和 225	550
配套动力	TN654L	刀轴转速（r/min）	1 250	

注：排肥器型式为外槽轮式；排种器型式为小麦玉米两用外槽轮式。

三、小麦—玉米通用固定道免耕播种机的性能试验

2BMF-2/7 型小麦玉米通用固定道免耕播种机播种小麦和玉米田间试验如图 3－8。

图 3－8　2BMF-2/7 型小麦玉米通用固定道免耕播种机

1. 小麦播种性能试验

（1）地轮滑移情况　计算公式：

$$\eta = \frac{S_1 - S_2}{S_1} \times 100\% \tag{3-2}$$

$$S_2 = 2\pi\gamma \times n \tag{3-3}$$

式中：η—地轮的滑移率，%；S_1—地轮实际行驶距离，m；S_2—地轮理论行驶距离，m；γ—地轮半径，m；n—地轮转动圈数。

小麦免耕播种时，在直立玉米秸秆下，地轮滑移率为 6.3%；在粉碎玉米秸秆下，地轮滑移率为 5.8%。两种情况下的地轮滑移率均能满足播种要求，保证了播种质量。玉米直立秸秆覆盖下的地轮滑移率要稍高于秸秆粉碎覆盖下的原因，是在玉米直立秸秆覆盖下，部分秸秆被压倒，地轮有时行走在秸秆上，地表不平，引起滑移。

（2）对行避茬防堵情况　经测定，固定道条件下，拖拉机沿固定的行走道行走，固定道能够起到较好的导向作用，避茬率达到85%。图3－9是播种小麦后生长情况，该机能够起到良好的避茬作用。

图3－9　播种后小麦生长情况

分别在玉米秸秆直立地和秸秆粉碎地分别进行了6次测试，试验结果如表3－6，在玉米秸秆粉碎地机具通过性良好，没有发生堵塞现象；在玉米秸秆直立地，发生一次轻微堵塞，原因是在玉米收获时有部分秸秆被压倒，在碰到尖角开沟器时没有被粉碎刀轴的甩刀立即打碎，导致尖角开沟器前瞬间产生秸秆，引起轻度堵塞，但在前进过程中，堵塞的秸秆沿尖角开沟器铲柄上升时立即被粉碎刀轴上的甩刀打碎，基本能够满足正常播种。

试验结果表明，该机以固定道对行避茬为基础，结合动力驱动的防堵机构，具备良好的防堵通过能力，提高了固定道保护性耕作系统下玉米秸秆覆盖地免耕播种小麦的通过性。

表3－6　2BMDF-2/7型小麦—玉米通用固定道免耕播种机的通过性

项目 类别	两种地表状况		
	次数	秸秆粉碎	秸秆直立
2BMDF-2/7型小麦玉米固定道免耕播种机	1	无堵塞	无堵塞
	2	无堵塞	无堵塞
	3	无堵塞	无堵塞
	4	无堵塞	一次轻度堵塞
	5	无堵塞	无堵塞
	6	无堵塞	无堵塞

（3）播种质量　小麦播种后，分别对播种后6行的播种情况进行了测

定，包括播种深度、施肥深度和种肥间距的测定。播种质量测定包括播种深、施肥深和种肥间距的测定。测定结果如表3－7、表3－8和表3－9所示。

表3－7　小麦播种种子深度的测定　（单位：cm）

项目	1	2	3	4	5	6
均值	3.9	3.8	4.0	3.6	3.9	3.9
标准差	0.4	0.3	0.3	0.5	0.5	0.4
变异系数（%）	10.3	7.9	7.5	13.9	12.8	10.3

表3－8　小麦播种施肥深度的测定　（单位：cm）

项目	1	2	3	4	5	6
均值	9.1	8.8	9.0	8.9	8.6	8.4
标准差	0.5	0.5	0.5	0.5	0.5	0.6
变异系数（%）	5.5	5.7	5.6	5.6	5.8	7.1

表3－9　小麦播种种肥间距测定　（单位：cm）

项目	1	2	3	4	5	6
均值	4.9	5.0	4.9	4.9	4.7	4.6
标准差	0.4	0.6	0.3	0.5	0.7	0.6
变异系数（%）	8.2	12.0	6.1	10.2	14.9	13.0

试验结果分析：

1）播种机在直立秸秆覆盖和秸秆粉碎两种情况下连续播种90m，播种平稳，能够正常工作。两种情况下的种子覆土深度在3～5cm，肥料的覆土深度在8～9cm，种肥深度相差3～5cm。播种质量完全满足免耕施肥播种的农艺要求。

2）播种机构为双圆盘开沟器，在播种过程中双圆盘能将秸秆、杂草推开，将种子直接播进土壤中，避免有晾籽情况发生，这也保证了出苗率。

2. 玉米播种性能试验

玉米播种后，分别对播种后6行的播种情况进行了播种质量测定，包括播种深度、施肥深度和种肥间距的测定。测定结果如表3－10、表3－11和表3－12所示。

表 3-10　玉米播种种子深度测定　（单位：cm）

项目	1	2	3	4	5	6
均值	4.8	4.4	4.6	4.4	4.6	4.7
标准差	0.4	0.3	0.4	0.5	0.5	0.4
变异系数（%）	8.3	6.8	8.7	11.4	10.9	8.5

表 3-11　玉米播种施肥深度测定　（单位：cm）

肥料深度	1	2	3	4	5	6
均值	9.2	8.9	9.1	9.2	9.1	9.0
标准差	0.5	0.5	0.4	0.3	0.7	0.6
变异系数（%）	5.4	5.6	4.4	3.3	7.7	6.7

表 3-12　玉米播种种肥间距测定　（单位：cm）

种肥间距	1	2	3	4	5	6
均值	4.5	4.6	4.6	4.8	4.6	4.4
标准差	0.5	0.5	0.4	0.6	0.7	0.5
变异系数（%）	11.1	10.9	8.7	12.5	15.2	11.4

由田间测定播种质量可知，玉米种子深度为4.4～4.8cm，施肥深度为8.9～9.2cm，种肥间距为4.4～4.8cm，播种质量能满足农艺要求。试验结果表明，该机可以满足固定道免耕播种夏玉米的需要。

试验表明，该机可以满足固定道小麦—玉米免耕播种的需要，实现一机两用。通过固定道对行避茬和动力驱动粉碎防堵结构相结合，该机能够有效的解决防堵问题，实现玉米根茬地小麦固定道免耕播种，播种质量良好。同时，更换一些部件后，该机也能实现玉米固定道免耕播种，播种质量满足农艺要求。

第三节　北方一年两熟区固定道保护性耕作试验效果

一、土壤特性

1. 土壤容重

表3-13为试验第二年（2007年10月）夏玉米收获后不同耕作体系

0～50cm 深度土层容重情况。

表 3－13 2007 年 10 月夏玉米收获后不同处理 0～50cm 深度土层容重（g/cm^3）

		0～10cm	10～20cm	20～30cm	30～40cm	40～50cm
固定道	STCN	1.21^{a}	1.35^{ab}	1.45^{a}	1.47^{a}	1.46^{a}
	NTCN	1.25^{a}	1.32^{a}	1.45^{a}	1.47^{a}	1.47^{a}
	行走道	1.45^{b}	1.48^{b}	1.53^{a}	1.49^{a}	1.48^{a}
非固定道	NT	1.34^{ab}	1.43^{b}	1.50^{a}	1.48^{a}	1.46^{a}
	CK	1.38^{b}	1.45^{b}	1.51^{a}	1.46^{a}	1.48^{a}
	Total S. D	0. 11	0. 09	0. 04	0. 07	0. 06
	Total S. E	0. 03	0. 03	0. 01	0. 02	0. 02

注：1. 表中同一列内右上角标有相同的字母表示不同的处理之间不存在显著的差异（$P=0.05$）。

2. Total S. D 代表总的标准偏差，Total S. E 代表总的标准误差。

随着试验的进行，机具的压实效果愈加明显。行走道容重最大，非固定道处理的压实效果也越明显。在 0～30cm 土层，固定道处理生长带容重低于非固定道处理，并且在 0～20cm 土层存在显著性差异。在 30～50cm 土层，不同耕作处理对土壤容重影响较低。

在 0～10cm 土层，行走道压实比较明显，容重显著高于固定道处理生长带，高于两种非固定道处理。相对于行走道，非固定道免耕（NT）和传统耕作（CK）容重分别降低 7.6% 和 4.8%，但是差异不显著。

固定道免耕（NTCN）和固定道深松（STCN）容重明显低于传统耕作（$P=0.05$）。相对于传统耕作，固定道免耕和固定道深松容重分别降低 9.3% 和 12.3%；相对于非固定道免耕处理，固定道免耕和固定道深松处理容重分别降低 6.7% 和 9.7%。固定道处理平均容重比非固定道处理平均容重降低 9.6%。固定道免耕处理容重略高于固定道深松处理（3.2%），但是差异不显著。

在 10～20cm 土层，两种固定道处理：固定道免耕和固定道深松的平均容重为 1.34g/cm^3，两种非固定道处理：非固定道免耕和传统耕作平均容重为 1.44g/cm^3，固定道处理容重比非固定道处理降低 7.3%，差异不显著。其中，固定道免耕处理 NTCN 容重明显低于传统耕作处理 CK（$P=0.05$）。主要是由于固定道处理减少了对作物生长带的压实。而在传统耕作下，机具压实逐渐累积，因而在 10～20cm 土层容重显著增加。

在20～30cm土层，不同耕作处理差异不显著。固定道处理平均容重比非固定道处理平均容重降低3.7%。

两年的土壤容重数据分析结果表明：在试验进行两年后，固定道保护性耕作处理由于消除了机具和人工作业对作物生长区域的压实，因而有效地降低了作物生长区域（0～20cm）的土壤容重。非固定道处理，两年机具和人工作业对土壤的压实等造成的土壤容重呈增大的趋势，随着试验时间的推移，土壤的压实深度和强度逐渐增加。

2. 土壤紧实度

图3－10为第二年夏玉米收获后不同耕作体系0～40cm土层紧实度。固定道免耕、固定道深松、非固定道免耕和传统耕作处理在0～40cm土层平均紧实度分别为1 047kPa、1 055kPa、1 506kPa和1 468kPa。两种固定道处理平均土壤紧实度为1 051kPa，两种非固定道处理平均土壤紧实度为1 487kPa。相对于非固定道处理，固定道保护性耕作处理土壤紧实度降低29.3%。相对于传统耕作，固定道免耕和固定道深松0～40cm土层平均紧实度分别降低28.7%和28.1%，非固定道免耕平均紧实度增加2.6%。

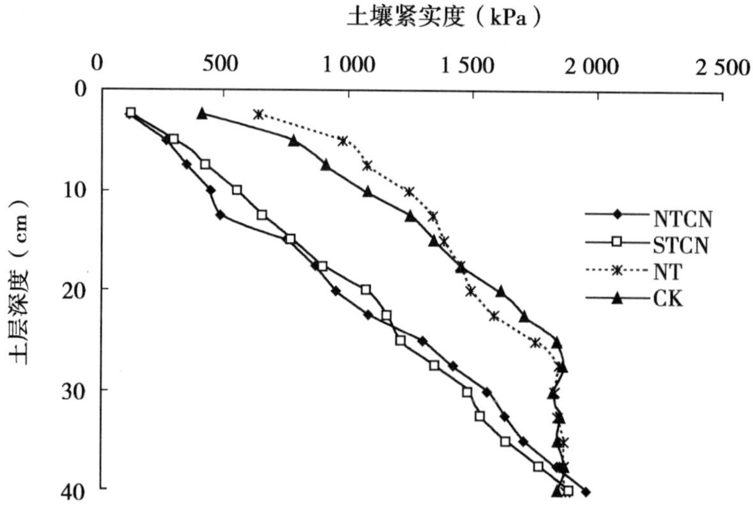

图3－10　2007年10月夏玉米收获后不同耕作体系土壤紧实度

随着试验的进行，传统耕作和非固定道免耕处理中的机具随机压实增多，下层土壤的压实增加。固定道免耕和固定道深松避免了作物生长带的压实，深层土壤紧实度变化不大。固定道免耕和固定道深松处理在0～30cm土层土壤紧实度显著地低于传统耕作和非固定道免耕处理（$P=0.05$）。两种固定道处理：固定道免耕和固定道深松处理土壤紧实度差异不大，说明上年深松的作用已降低。非固定道免耕处理在 0～17.5cm 土层土壤紧实度略低于传统耕作，在其他土壤二者差异不大。

传统耕作的最大紧实度出现在 27.5cm 处。该土层处，传统耕作和非固定道免耕处理土壤紧实度分别为 1 863kPa 和 1 847kPa，固定道免耕和固定道深松土壤紧实度分别为 1 421kPa 和 1 354kPa。相对于传统耕作，固定道免耕和固定道深松土壤紧实度分别降低 23.7% 和 27.3%。

土壤紧实度数据分析结果与土壤容重比较相似，在 0～40cm 土层内，固定道保护性耕作降低土壤紧实度。4 种处理中，深松处理的紧实度开始最低，随着时间的推移，根系的生长，灌溉等作用的影响，深松的作用逐渐降低。到第二年试验完成，上年的深松作业对土壤容重和紧实度的作用降低。

综合上述土壤物理属性分析可以得出，固定道保护性耕作有利于土壤结构改进。固定道保护性耕作通过设置专用行走道减少对作物生长区的压实，从而降低生长区的土壤容重和土壤紧实度，改良生长区的土壤结构，促进作物的生长，同时降低机具作业的阻力。

非固定道处理中，机具随机行走造成土壤压实，增加土壤容重和紧实度。由于一年两熟区作业次数较多，机具和人工作业的压实的累积作用随着试验时间的延长逐渐体现出来，深层土壤被压实，因而紧实度和容重逐渐增加，影响作物生长，增加机具作业阻力。

二、水分特性

1. 水分入渗

（1）入渗过程　图 3－11 为不同耕作处理 3h 内土壤入渗率的情况。不同耕作体系土壤入渗率随入渗时间而降低。对不同耕作体系土壤入渗过程进行拟合，发现水分入渗速率随时间的变化具有极显著的幂函数关系。开始阶段入渗率变化很大，30min 后渐趋平缓，60min 后趋于稳定。这是由于入渗初始阶段，表层土壤相对干燥，一方面基质势较大，基质吸力起主要作用，另一方面存在土壤通气孔隙，故初始入渗阶段入渗速率较大，而随着渗透的进行，土壤含水量增加，湿润土层逐渐加厚，土壤基质吸力梯度逐渐下降，通气孔隙充满，入渗率逐渐降低。当入渗进行到一定时间后，土壤基质吸力梯度趋于零，在重力作用下，入渗率维持在一个相对稳定的水平上，达到稳定入渗。

固定道免耕、固定道深松、非固定道免耕和传统耕作初始入渗率分别为 14.74cm/h、15.21cm/h、16.99cm/h 和 16.73cm/h。由于初始入渗率和土壤表层含水量呈负相关关系，因而非固定道免耕和传统耕作初始入渗率较高。随着时间的进行，非固定道免耕和传统耕作处理入渗率显著下降，明显低于两种固定道保护性耕作处理。

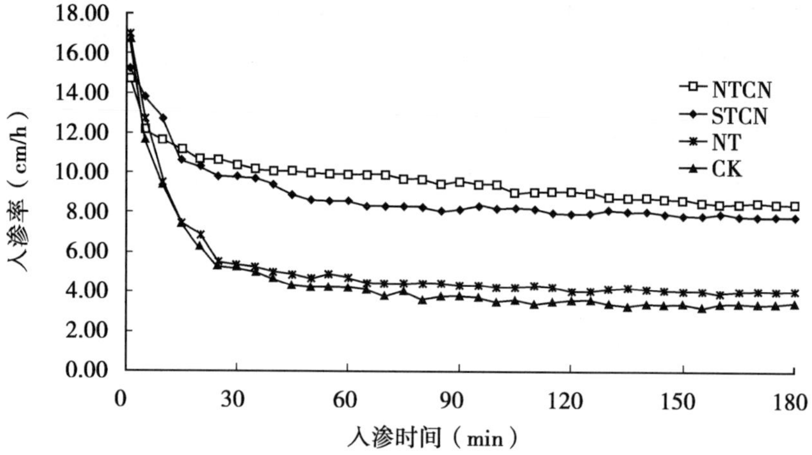

图 3－11　不同耕作体系入渗率与入渗时间的关系

（2）稳定入渗情况　固定道免耕、固定道深松、非固定道免耕和传统耕作达到稳定入渗时间分别为 65min、72. 5min、62. 5min 和 60min。固定道深松处理达到稳定入渗的时间，显著地长于非固定道免耕和传统耕作处理。固定道免耕处理与非固定道免耕和传统耕作相比，差异不明显。

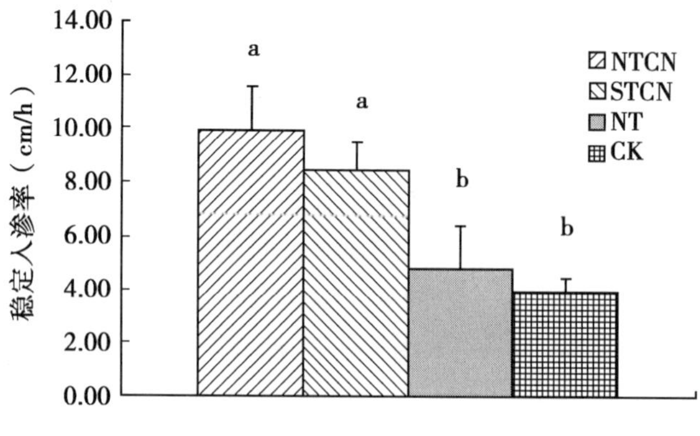

图 3－12　不同耕作处理达到稳定入渗率

图 3－12 为不同耕作处理稳定入渗强度。固定道免耕（NTCN），固定道深松（STCN），非固定道免耕（NT）和传统耕作（CK）的稳定入渗强度

分别为 9.93cm/h，8.49cm/h，4.78cm/h 和 3.93cm/h。两种固定道处理固定道免耕和固定道深松显著地高于两种非固定道处理：非固定道免耕和传统耕作（$P=0.05$）。固定道处理和非固定道处理平均稳定入渗强度分别为 9.93cm/h 和 4.78cm/h。相对于非固定道处理，固定道处理平均稳定入渗强度提高 111.1%。其中，固定道免耕和固定道深松分别比传统耕作提高稳定入渗强度 152.7% 和 116.0%；相对于非固定道免耕，固定道免耕和固定道深松处理稳定入渗强度分别提高 107.7% 和 77.6%。

两种固定道处理中，固定道深松（STCN）稳定入渗强度比固定道免耕（NTCN）低 14.5%，但是差异不显著，主要是由于夏季降雨比较多，固定道深松处理蓄水能力较强，其土壤含水量高于固定道免耕处理，因而入渗强度低于免耕处理。两种非固定道处理没有显著性差异，非固定道免耕处理稳定入渗强度比传统耕作高 21.6%。

（3）*累积入渗情况*　图 3－13 为不同耕作体系 3h 后水分累积入渗情况。固定道免耕（NTCN）、固定道深松（STCN）、非固定道免耕（NT）和传统耕作（CK）的 3h 的累积入渗量分别为 28.62cm、26.42cm、15.04cm 和 13.55cm。两种固定道处理平均累积入渗量为 27.52cm，非固定道处理平均累积入渗量为 14.30cm。固定道处理累积入渗量显著地高于非固定道处理（$P=0.05$），几乎为非固定道处理的 2 倍。

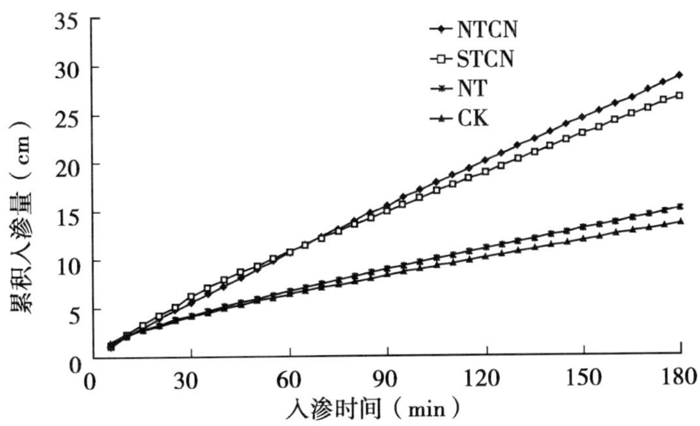

图 3－13　不同耕作体系 3h 累积入渗量

相对于传统耕作，固定道免耕（NTCN）和固定道深松（STCN）累积入渗量分别提高 95.0% 和 111.2%。固定道免耕处理（NTCN）比非固定道免耕（NT）入渗量提高 75.7%，主要是由于固定道处理改善了作物生长带的土壤结构，提高了水分入渗性能，从而促进作物生长。非固定道处理下，尤其是传统耕作，机具在0～20cm造成明显的压实，使耕层土壤容重增大，孔隙度减小。耕层内的压实主要导致大孔隙度减小，而毛管孔隙度增大。大孔隙度的减小降低了土壤的通气性和入渗性能，而毛管孔隙度的增大提高了表层土壤吸附水的能力，其吸水力高于下层土壤，水不易向下运动，使得入渗量减少[8～9]。因而非固定道处理下，土壤的入渗性能显著降低。

固定道处理内，固定道深松3h累积入渗量比固定道免耕低7.7%。由于固定道深松处理只是在第一年进行了深松，入渗试验为第二年，深松的作用使得初期入渗率高。但是由于固定道深松处理下层土壤储存的水量多于固定道免耕，因而其总入渗量低于固定道免耕。

两种非固定道处理没有显著性差异。非固定道免耕处理比传统耕作处理提高10.8%，主要是传统耕作下的旋耕作业破坏了土壤的大孔隙，从而降低了土壤的入渗性能。同时耕作后的土壤更容易压实，其容重也高于免耕作业，因而其入渗能力低于免耕处理。

2. 水分利用效率（WUE）

（1）冬小麦　表3－14为试验两年冬小麦收获后，不同耕作处理的水分利用效率情况。

表3－14　不同耕作处理下冬小麦水分利用效率和耗水系数

		降水量 P（mm）	灌溉量 I（mm）	蒸发量 ET（mm）	产量Y（kg/hm²）	水分利用效率WUE［kg/（hm²·mm）］	耗水系数K（mm/kg）
固定道	NTCN	147	241.8	362	4 743[a]	13.1[a]	0.076
	STCN	147	241.8	363	4 688[a]	12.9[a]	0.077
非固定道	NT	147	241.8	375	4 912[a]	13.1[a]	0.076
	CK	147	241.8	367	4 962[a]	13.5[a]	0.074

注：表中同一年份，同一列内右上角标有相同的字母表示不同的处理之间不存在显著的差异（$P=0.05$）。

按播种带计算，固定道免耕（NTCN）和固定道深松（STCN）冬小麦水分利用效率分别为19.6［kg/（hm²·mm）］和19.4［kg/（hm²·mm）］。相对于传统耕作，固定道免耕和固定道深松播种带水分利用效率分别提高45.2%和43.7%。可见，固定道保护性耕作处理显著提高了生长带的水分利用效率。

按全面积计算，不同耕作体系水分利用效率的大小顺序为：传统耕作（CK）＞非固定道免耕（NT）和固定道免耕（NTCN）＞固定道深松

(STCN)。固定道处理平均冬小麦水分利用效率比非固定道处理降低2.3%。尽管固定道处理提高了播种带的水分利用效率，但是由于冬小麦为密植作物，固定道处理下行走道占地1/3，生长带上的增产不能完全弥补固定道上的损失，从而导致全面积减产，因而水分利用效率低于非固定道处理。

(2) 夏玉米 表3-15为两年试验后夏玉米收获后，不同耕作处理的水分利用效率情况。

表3-15 不同耕作处理下两年夏玉米水分利用效率和耗水系数

(2006年和2007年)

试验处理		降水量 P (mm)	灌溉量 I (mm)	蒸发量 ET (mm)	产量Y (kg/hm^2)	水分利用效率WUE [kg/(hm^2·mm)]	耗水系数K (mm/kg)
固定道	NTCN	360.4	54.8	351	7 464[a]	21.3[a]	0.047
	STCN	360.4	54.8	331	7 773[a]	23.5[a]	0.043
非固定道	NT	360.4	54.8	394	6 995[a]	17.8[b]	0.056
	CK	360.4	54.8	378	6 890[a]	18.2[b]	0.055

注：表中同一年份，同一列内右上角标有相同的字母表示不同的处理之间不存在显著的差异($P=0.05$)。

固定道处理的夏玉米水分利用效率明显高于非固定道处理。不同耕作处理水分利用效率顺序为：固定道深松(STCN)>固定道免耕(NTCN)>传统耕作(CK)>非固定道免耕(NT)。固定道处理平均水分利用效率显著地高于非固定道处理24.4%($P-0.05$)。相对于传统耕作(CK)，固定道免耕(NTCN)和固定道深松(STCN)的水分利用效率分别提高17.0%和29.1%。相对于非固定道免耕(NT)，固定道免耕(NTCN)和固定道深松(STCN)的水分利用效率分别提高19.6%和32.0%。

相对于固定道免耕，固定道深松玉米水分利用效率提高10.3%，但是差异不显著。表明第一年的深松对夏玉米的生长依然有一定的作用。

(3) 年度水分利用效率 表3-16为不同耕作体系试验年度水分利用效率。

表3-16 不同耕作体系年度水分利用效率

试验处理		降水量 P (mm)	灌溉量 I (mm)	蒸发量 ET (mm)	产量Y (kg/hm^2)	水分利用效率WUE [kg/(hm^2·mm)]	耗水系数K (mm/kg)
固定道	NTCN	507.4	296.6	713	12 207	17.1	0.058
	STCN	507.4	296.6	694	12 461	17.9	0.056
非固定道	NT	507.4	296.6	769	11 907	15.5	0.065
	CK	507.4	296.6	745	11 852	15.9	0.063

固定道处理水分利用效率明显高于非固定道处理。固定道处理平均比非固定道处理提高 11.5%。其中，固定道免耕和固定道深松分别比传统耕作提高 7.5%和 12.6%，比非固定道免耕分别提高 10.3%和 15.5 %。尽管冬小麦水分利用效率低于传统耕作，但是固定道保护性耕作提高夏玉米的水分利用效率，从而弥补了冬小麦水分利用率的降低。

不同耕作体系的水分利用效率结果表明，固定道保护性耕作年度水分利用效率高于传统耕作。对于窄行作物冬小麦，固定道保护性耕作水分利用效率低于传统耕作，主要是由于试验时间较短，固定道保护性耕作的作用还未完全体现，生长带土壤结构的改善提高的蓄水能力还不足以弥补固定车道增加的蒸发面积带来的水分损失；而对于宽行作物夏玉米，固定道保护性耕作不会增加蒸发面积，通过改善作物生长带土壤结构，提高蓄水能力，从而增加夏玉米产量，因而夏玉米水分利用率显著地高于传统耕作。固定道保护性耕作处理下，夏玉米水分利用效率的提高，可以弥补冬小麦水分利用效率的降低，从而提高固定道保护性耕作年度水分利用效率提高。

三、作物特性

1. 冬小麦

（1）株高　冬小麦拔节期和灌浆期测定不同耕作体系冬小麦株高如表 3－17 所示。

表 3－17　不同耕作体系冬小麦拔节期和灌浆期株高　（cm）

时期	固定道				非固定道	
	NTCN		STCN		NT	CK
	边行	中行	边行	中行		
拔节期	36.2[a]	34.9[a]	36.3[a]	35.0[a]	35.4[a]	35.0[a]
灌浆期	76.6[a]	72.6[a]	75.9[a]	72.4[a]	73.8[a]	72.4[a]

注：1. 表中同一年份，同一行内，右上角标有相同的字母表示不同的处理之间不存在显著的差异（$P=0.05$）。

拔节期，固定道免耕（NTCN）、固定道深松（STCN）、非固定道免耕（NT）和传统耕作（CK）株高没有显著性差异。相对于传统耕作，固定道免耕（NTCN）和固定道深松（STCN）生长带边行冬小麦株高平均增加 3.6%，生长带边行冬小麦株高基本持平。非固定道免耕（NT）株高略高于传统作业。

灌浆期，4 种处理间没有显著性差异。固定道免耕（NTCN）和固定道深松（STCN）生长带边行冬小麦株高平均比传统耕作（CK）提高 5.8% 和 4.8%，比非固定道免耕提高 3.8% 和 2.8%；固定道免耕（NTCN）和固定道深松（STCN）生长带中行冬小麦株高和传统耕作（CK）持平，比非固定道免耕降低 1.6% 和 1.9%。相对于传统耕作（CK），非固定道免耕（NT）处理株高增加 1.9%。

（2）冬小麦干物质积累　不同耕作体系冬小麦地上植株干重情况如表 3－18。相对于传统耕作（CK），固定道免耕（NTCN）和固定道深松（STCN）在拔节期、灌浆期和收获时冬小麦地上植株干重分别提高 10.0%、4.1% 和 9.9%，10.8%、4.5% 和 8.7%。其中，生长带边行冬小麦地上植株干重显著地增加 20.0%、9.1% 和 20.6%，22.2%、9.3% 和 17.8%；而生长带中行冬小麦地上植株干重差异不大。

相对于传统耕作（CK），非固定道免耕（NT）在拔节期、灌浆期和收获时冬小麦地上植株干重分别提高 3.6%、1.4% 和 3.8%。

固定道免耕（NTCN）和固定道深松（STCN）在拔节期、灌浆期和收获时冬小麦地上植株干重没有显著性差异。两者呈现相同的趋势。

试验结果表明，固定道保护性耕作处理下，冬小麦地上植株干重高于传统耕作，尤其是生长带边行由于边际效应的作用，显著地高于传统耕作。

表 3－18　不同耕作体系冬小麦地上植株干重情况　（g/10 株）

时期	固定道				非固定道	
	NTCN		STCN		NT	CK
	边	中	边	中		
拔节期	4.32[a]	3.60[b]	4.40[a]	3.58[b]	3.73[b]	3.60[b]
灌浆期	25.43[a]	23.14[b]	25.50[a]	23.22[b]	23.64[ab]	23.32[b]
收获时	32.35[a]	26.67[b]	31.61[a]	26.72[b]	27.85[b]	26.83[b]

注：表中同一年份，同一行内，右上角标有相同的字母表示不同的处理之间不存在显著的差异（$P=0.05$）。

（3）冬小麦根系　图 3－14 是不同耕作体系第二季冬小麦灌浆期 0～105cm 土层的根长密度。

图中 15cm 的土层纵坐标值是 1∶1，15～105cm 各土层纵坐标比实际扩大了 5 倍表示。固定道免耕、固定道深松、非固定道免耕和传统耕作在 0～105cm 土层根长密度随着深度增加而递减。两种固定道保护性耕作处理：固定道免耕和固定道深松在0～45cm土层的根长密度明显高于传统耕作和非固定道免耕处理。

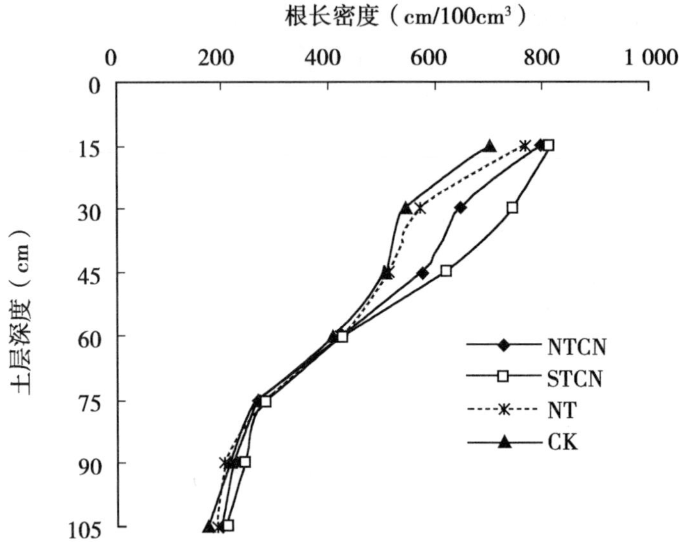

图3-14　不同耕作体系冬小麦不同土层根系分布

0～15cm土层根长密度最大，固定道免耕、固定道深松、非固定道免耕和传统耕作分别为795cm/100cm^3、814cm/100cm^3、736cm/100cm^{3}和687cm/100cm^3。相对于传统耕作，固定道免耕和固定道深松根长密度增加15.7%和18.5%。非固定道免耕比传统耕作根长密度提高7.1%。

15～30cm土层，由于深松的作用，固定道深松处理根长密度最大。试验进行两年后，固定道改善土壤结构的作用逐渐体现。相对于传统耕作，固定道免耕和固定道深松根长密度分别增加19.3%和27.5%。非固定道免耕处理由于土壤结构好于传统耕作，因而根长密度高5.5%。

30～45cm土层，根长密度趋势和15～30cm土层相似。固定道深松处理的根长密度最大，主要是由于深松作业打破了犁底层，促进了根系向下层生长。相对于传统耕作，固定道深松处理根长密度显著提高21.6%。由于固定道保护性耕作减少了土壤压实，改善了土壤结构，固定道免耕处理根长密度比传统耕作提高12.7%。非固定道免耕和传统耕作处理根长密度差异很小。

在75～105cm土层，固定道保护性耕作处理根长密度仍有所增加。75～90cm传统耕作，固定道免耕和固定道深松根长密度分别比传统耕作增加

7.1% 和 14.3% 。在 90~105cm 土层，相对于传统耕作，固定道免耕和固定道深松根长密度分别增加 20.6% 和 23.5% 。

图 3-15 是不同耕作体系第二季冬小麦灌浆期 0~105cm 土层根系干重。

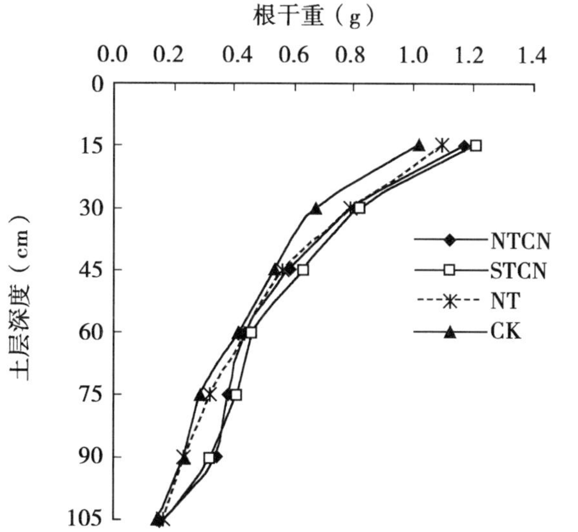

图 3-15 不同耕作体系冬小麦灌浆期不同土层根干重

图中 0~15cm 的土层纵坐标值是 1：1，15~105cm 各土层纵坐标比实际扩大了 10 倍表示。在冬小麦灌浆期，固定道免耕、固定道深松、非固定道免耕和传统耕作在 0~105cm 土层根系总干重分别为 1.45g、1.49g、1.39g 和 1.25g。固定道深松处理在各个深度土层根系干重均最高，传统耕作各个深度土层根系干重最低。相对于传统耕作，固定道免耕和固定道深松 0~105cm 土层根系干重分别增加 16.1% 和 19.4% 。

0~30cm 土层，固定道免耕和固定道深松根系干重分别比传统耕作显著增加 15.9% 和 19.0% 。由于深松打破了犁底层，促进了根系的生长，固定道深松处理在 30~60cm 土层根系干重仍显著地高于传统耕作 14.0% 。在 60~105cm 土层，相对于传统耕作，固定道免耕和固定道深松根系干重分别显著地增加了 33.2% 和 33.9% ；相对于非固定道免耕处理，固定道免耕和固定道深松根系干重分别显著地增加了 25.4% 和 26.1% 。

试验结果表明，固定道保护性耕作通过减少压实，改善土壤结构，促进了根系的生长，尤其是深松处理的效果最为明显，这就为作物吸收下层土壤的水分和养分创造了条件，从而促进了冬小麦产量的提高。

（4）产量　表3－19是不同耕作方式第二季冬小麦产量情况。随着试验的进行，固定道保护性耕作处理减少土壤压实，降低土壤容重，改善土壤入渗性能，充分发挥宽窄行布置的边际效应的能力逐渐明显，冬小麦生长加快，各项植株性状指标大都高于传统耕作。

表3－19　不同耕作体系第二季冬小麦产量对比

			穗长（cm）	结实小穗数	穗粒数	千粒重（g）	产量（kg/hm^2）
固定道	NTCN	边行	8.8[a]	16[a]	34[a]	44.87[a]	4 743[a]
		中行	8.4[a]	15[a]	31[b]	42.67[b]	
	STCN	边行	8.9[a]	16[a]	33[ab]	44.33[a]	4 688[a]
		中行	8.4[a]	15[a]	31[b]	41.92[b]	
非固定道	NT		8.5[a]	15[a]	32[ab]	42.13[b]	4 962[a]
	CK		8.4[a]	15[a]	31[ab]	41.84[b]	4 912[a]

注：同一列内，右上角标有相同的字母表示不同的处理之间不存在显著的差异（$P=0.05$）。

相对于传统耕作，固定道免耕（NTCN）和固定道深松（STCN）生长带边行冬小麦穗长分别增加4.8%和5.9%，穗粒数分别增加6.8%和4.9%，千粒重分别显著增加7.2%和6.0%；固定道免耕（NTCN）和固定道深松（STCN）生长带中行冬小麦穗粒数分别比传统耕作降低3.3%和1.3%，千粒重比传统耕作增加2.0%和0.2%。

如果按播种面积计算，固定道免耕和固定道深松小麦产量分别为6 776kg/hm^2和6 697kg/hm^2，相对于传统耕作产量分别提高37.8%和36.3%。但是固定道保护性耕作处理土地利用率仅为70%，按全面积计算，相对于传统耕作，固定道免耕和固定道深松分别比传统耕作冬小麦产量降低3.4%和4.6%。相对于非固定道免耕处理，固定道免耕和固定道深松处理冬小麦产量分别降低4.4%和5.5%。4种不同的处理冬小麦产量没有显著性差异。

试验结果表明，尽管固定道保护性耕作处理可以有效减少土壤压实，改善土壤结构，促进生长带冬小麦的生长，增加生长带产量，但是固定道保护性耕作处理冬小麦土地利用率仅为70%，且试验时间较短，小麦为密植作物，生长带增加的产量还不足以弥补因有车道降低的出苗数带来的产量减少量。因此，固定道保护性耕作下冬小麦产量略有降低。

2. 夏玉米

（1）出苗 表3－20是不同耕作体系单行每5m的夏玉米出苗数。夏玉米属于宽行作物，试验区夏玉米的行距为生长带上55cm，相邻固定道间为95cm，平均行距为75cm。对于宽行作物，固定道保护性耕作的土地利用率可以达到100%。

表3－20 不同耕作体系夏玉米出苗数 （株/5m）

测定时间	固定道保护性耕作		非固定道保护性耕作	
	NTCN	STCN	NT	XT
2007年	15.3[a]	15.4[a]	14.8[a]	14.7[a]

注：表中同一年份，同一行内，右上角标有相同的字母表示不同的处理之间不存在显著的差异（$P=0.05$）。

2007年，固定道保护性耕作处理出苗情况好于非固定道保护性耕作处理。相对于传统耕作，固定道免耕和固定道深松出苗数分别增加4.1%和4.8%。

（2）干物质 图3－16为不同耕作体系夏玉米收获后地上物质干重。

固定道免耕、固定道深松、非固定道免耕和传统耕作处理地上物质干重分别为307.50g/株、311.28g/株、258.05g/株和256.12g/株。固定道处理和非固定道处理平均地上物质干重分别为309.39g/株和257.09g/株。相对于非固定道保护性耕作，固定道保护性耕作平均增加20.3%。固定道免耕和固定道深松处理地上物质干重显著地高于非固定道免耕和传统耕作处理（$P=0.05$），分别增加20.1%和21.5%。

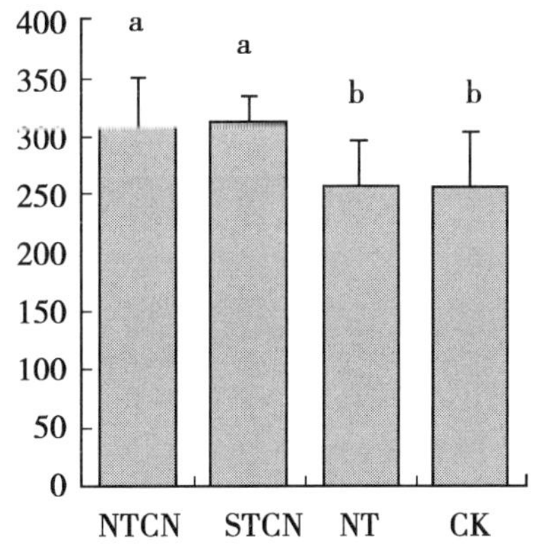

图3－16 夏玉米收获后地上物质干重

非固定道免耕处理和传统耕作地上物质干重差异不大。固定道深松处理只是在2006年进行了深松作业，经过3季作物生长之后，深松的效果降低。虽然，固定道深松处理的地上物质干重仍然最大，但是仅比固定道免耕处理高1.2%。

(3) *夏玉米* 表3-21是不同耕作体系第二季夏玉米果穗特征及产量情况。固定道免耕、固定道深松、非固定道免耕和传统耕作夏玉米产量分别为7.5t/hm^2、7.8t/hm^2、7.0t/hm^{2}和6.9t/hm^2。随着试验的进行，相对于传统耕作方式，固定道保护性耕作在降低土壤容重，改善土壤结构，充分发挥宽窄行种植的边行优势方面的能力逐渐明显，夏玉米各项产量指标均大于传统耕作。相对于传统耕作，固定道免耕和固定道深松处理分别提高了2.5%和3.5%的果穗长，3.8%的穗行数，2.7%和4.3%的行粒数，6.8%和8.3%的百粒重，8.3%和12.8%的夏玉米产量，但是无显著性差异。

尽管非固定道免耕同样可以改善土壤结构，但是其不能有效地消除机具压实，因而产量较固定道保护性耕作低。相对于非固定道免耕，固定道免耕和固定道深松产量分别提高6.7%和12.6%。

由于只在第一年进行了深松作业，固定道深松处理第二年的产量优势有所降低，仅比固定道免耕处理产量高3.8%。

表3-21 不同耕作方式第二季夏玉米果穗特征及产量

		穗长(cm)	穗行数(行)	行粒数(粒)	百粒重(g)	产量(t/hm^2)
固定道	NTCN	20.3^a	13.5^a	38.3^a	31.37^a	7.5^a
	STCN	20.5^a	13.5^a	38.9^a	31.80^a	7.8^a
非固定道	NT	19.9^a	12.9^a	37.8^a	29.65^a	7.0^a
	CK	19.8^a	13.0^a	37.3^a	29.35^a	6.9^a

注：同一行内，右上角标有相同的字母表示不同的处理之间不存在显著的差异($P=0.05$)。

试验结果表明，固定道保护性耕作有效地减少了土壤压实，改善了土壤结构，促进了夏玉米的生长，夏玉米产量各项指标提高，从而促进产量增加。固定道保护性耕作下，深松作业产量增加最为明显。

第四节 北方一年两熟区固定道保护性耕作的经济效益

一、成本分析

1. 机械作业成本分析

华北一年两熟灌溉区，特别是试验区所在的北京地区是我国一年两熟种植体系的北界，降雨、光照、热量等自然条件有限。从实现冬小麦、夏玉米两季作物的高产来看，如果播种、田间管理和收获等作业安排合理、适时，基本可以达到两季作物高产的需求。因此，采用机械化作业可节省作业时间，尤其是播种和收获时间，是作物高产的重要保证。

试验区不同耕作方式作业工序如下：

1. 固定道免耕（NTCN）

夏玉米秸秆粉碎—冬小麦固定道免耕施肥、播种—喷洒除草剂—喷灌（第一次）—喷灌（第二次）—喷灌（第三次）—喷灌（第四次）—冬小麦联合收割机收获（高留茬，全秸秆覆盖）—夏玉米固定道免耕施肥、播种—喷灌—夏玉米人工收获。

2. 固定道深松（STCN）

夏玉米秸秆粉碎—冬小麦固定道免耕施肥、播种—喷洒除草剂—喷灌（第一次）—喷灌（第二次）—喷灌（第三次）—喷灌（第四次）—冬小麦联合收割机收获（高留茬，全秸秆覆盖）—深松 —夏玉米固定道免耕施肥、播种 —喷灌—夏玉米人工收获。

3. 非固定道免耕（NT）

夏玉米秸秆粉碎—冬小麦非固定道免耕施肥、播种—喷洒除草剂—喷灌（第一次）—喷灌（第二次）—喷灌（第三次）—喷灌（第四次）—冬小麦联合收割机收获（高留茬，全秸秆覆盖）—夏玉米非固定道免耕施肥、播种—喷灌—夏玉米人工收获。

4. 传统耕作（CK）

夏玉米秸秆粉碎 —旋耕 —冬小麦非固定道免耕施肥、播种—喷洒除草剂—喷灌（第一次）—喷灌（第二次）—喷灌（第三次）—喷灌（第四次）—冬小麦联合收割机收获（高留茬，全秸秆覆盖）—夏玉米非固定道免耕施肥、播种—喷灌—夏玉米人工收获。

根据现有机械作业的收费标准，可以计算出不同耕作体系的机械作业成本如下：

固定道免耕和非固定道免耕处理的机械作业主要包括：夏玉米秸秆粉碎 1 次（共 150 元/hm^2），冬小麦免耕播种 1 次（共 300 元/hm^2），冬小麦收获 1 次（共 600 元/hm^2），夏玉米免耕播种 1 次（共 300 元/hm^2），共计 1 350 元/hm^2。

固定道深松处理的机械作业主要包括：夏玉米秸秆粉碎 1 次（共 150 元/hm^2），冬小麦免耕播种 1 次（共 300 元/hm^2），冬小麦收获 1 次（共 600 元/hm^2），深松 1 次（共 300 元/hm^2），夏玉米免耕播种 1 次（共 300 元/hm^2），共计 1 650 元/hm^2。

传统耕作处理的机械作业主要包括：夏玉米秸秆粉碎 1 次（共 150 元/hm^2），旋耕作业 1 次（共 300 元/hm^2），冬小麦播种 1 次（共 300 元/hm^2），冬小麦收获 1 次（共 600 元/hm^2），夏玉米免耕播种 1 次（共 300 元/hm^2），共计 1 650 元/hm^2。

固定道免耕和非固定道免耕处理机械作业费用为 1 350 元/hm^2，固定道深松和传统耕作机械作业费用为 1 650 元/hm^2。固定道免耕处理相对于传统耕作减少了 1 次旋耕作业，因而在机器作业成本上，固定道免耕处理一年两季机械作业成本比传统耕作减少 300 元/hm^2。

2. 非机械作业成本分析

4 种耕作方式非机械作业成本分析如下：

（1）冬小麦　品种为优质纯系京 9428，播种量为 300kg/hm^2，种子单价为 3 元/kg，冬小麦种子投入为 900 元/hm^2。

（2）肥料（冬小麦）　磷酸二铵 262. 5kg/hm^2，尿素 337. 5kg/hm^2，两种肥料的单价分别为 2. 6 元/kg 和 1. 6 元/kg，肥料投入为 1 222. 5 元/hm^2。

（3）夏玉米

①试验第一年种植品种为中农一号糯玉米，播种量为 30kg/hm^2，种子单价为 40 元/kg，夏玉米种子投入为 1 200 元/hm^2。

②试验第二年种植品种为怀研 10 号，播种量为 37. 5kg/hm^2，种子单价为 8 元/kg，夏玉米种子投入为 300 元/hm^2。

（4）肥料（夏玉米）　采用玉米专用复混肥料，施肥量为 375kg/hm^2，单价为 1. 6 元/kg，肥料投入为 600 元/hm^2。

（5）除草剂　30 元/hm^2。

（6）灌溉费用　北京地区喷灌灌溉费用主要是喷灌设备折旧费用和电费。

冬小麦整个生长过程中的总灌水量为 2 418m^3/hm^2，夏玉米为 548m^3/hm^2，总计灌水量为 2 966m^3/hm^2，换算成电费约为 605 元/hm^2，喷灌设备折旧费用为每公顷每年 400 元，则灌溉费用为 1 005 元/hm^2。

（7）人工　主要为夏玉米的收获费用，为 600 元/hm^2。

根据上述计算，冬小麦—夏玉米非机械总投入为 5 727. 5 元/hm^2。

二、经济效益分析

表 3 – 22 为不同耕作体系试验第二年冬小麦—夏玉米经济效益。

表 3－22　不同耕作体系冬小麦—夏玉米年度经济效益

项目（冬小麦＋夏玉米）		固定道		非固定道	
		NTCN	STCN	NT	CK
投入	种子（元/hm^2）冬小麦	900	900	900	900
	种子（元/hm^2）夏玉米	240	240	240	240
	肥料（元/hm^2）	1 222.5＋600	1 222.5＋600	1 222.5＋600	1 222.5＋600
	除草剂（元/hm^2）	30	30	30	30
	灌溉费用（元/hm^2）	1 005	1 005	1 005	1 005
	人工（元/hm^2）	600	600	600	600
	机械作业（元/hm^2）	1 350	1 350	1 350	1 650
	总计（元/hm^2）	5 947.5	5 947.5	5 947.5	6 247.5
产出	产量（kg/hm^2）	4 743＋7 464	4 688＋777 3	4 912＋6 995	4 962＋6 890
	价格（元/kg）	1.44＋1.60	1.44＋1.60	1.44＋1.60	1.44＋1.60
	收入（元/hm^2）	18 773	19 186	18 265	18 169
纯收入（元/hm^2）		12 825	13 239	12 317	12 222

注：投入中不包括管理费用，产出中不包括秸秆的价值。

从投入上看，传统耕作处理多了一项旋耕作业，因而其机械成本提高22.2%。因此，传统耕作处理总投入比其他三项处理增加了5.0%，但是差异不显著。

从产出看，固定道免耕、固定道深松、非固定道免耕和传统耕作一年两季的总收入分别18 773元/hm^2、19 186元/hm^2、18 265元/hm^2和18 169元/hm^2。随着试验的进行，固定道保护性耕作改善土壤结构的效果逐渐显现，固定道保护性耕作的冬小麦的边行效应逐渐明显，但是由于土地利用率低，小麦产量仍然低于传统耕作。固定道保护性耕作改善土壤结构，促进作物生长的作用在夏玉米产量上体现出来。因而，固定道保护性耕作下夏玉米产量的增加弥补了冬小麦产量的减少，从而使产量高于传统耕作。相对于传统耕作，固定道免耕和固定道深松总收入分别增加3.3%和5.6%。非固定道免耕处理总收入略高于传统耕作，但是差异不大。

从纯收入上看，固定道免耕、固定道深松、非固定道免耕和传统耕作一年两季纯收入分别为12 825元/hm^2、13 239元/hm^2、12 317元/hm^2和12 222元/hm^2。固定道深松处理最高，其次为固定道免耕，传统耕作最低。相对于传统耕作，固定道免耕和固定道深松纯收入分别提高4.9%和8.3%。相对于非固定道免耕，固定道免耕和固定道深松纯收入分别提高

4.1%和7.5%。非固定道免耕处理一年两季纯收入略高于传统耕作。

固定道保护性耕作通过有效减少压实，改善土壤结构，促进作物生长，增加作物产量。同时，固定道保护性耕作可以减少田间作业油耗，从而降低生产成本。综合不同耕作体系冬小麦—夏玉米一年两季的经济效益分析可知，固定道保护性耕作总的经济效益略高于传统耕作。但就单季冬小麦而言，由于土地利用率较低，固定道保护性耕作冬小麦产量低于传统耕作，因而单季冬小麦的经济效益低于传统耕作。固定道保护性耕作夏玉米的经济效益较高，弥补了冬小麦减少的经济效益。

三、能量投入与产出分析

农业生态系统是一个开放系统，就本质而言，是一个能量与物质的转化过程。它通过外界物质能量的投入即所谓负熵值的投入，减少系统的正熵值，以保持系统的有序性。随着人口的增长，食物需求量的增加以及人均耕地面积的减少，人类对单位面积产出量与产投效益提出更高的要求，人们不得不以高代价的农田投入来追求高的产出；在农田生物辅助能有限的前提下，人类又必须以大量的工业辅助能的投入作为增产手段，导致投入效益的降低，能量资源的浪费，甚至造成农产品生态环境的污染。农田生态系统的能量产投比是衡量农业投入产出效果的主要指标之一。用能量指标评价农业生产效率的最大特点是：将农田生产系统中多种不同量纲的投入和多种不同实物的产出统一到能值量纲下，从而实现农业复杂系统评价的一致性标准。

在作物生产系统中，作物的生产水平受日光能和其他形式辅助能的共同作用，日光能和自然辅助能是自然生态因子，在一定的时空条件下是相对稳定的，人类对农业生产的能动干预主要是通过人工辅助能的投入来实现。各种人工辅助能的产投规律是实现作物高效益生产的基础[10]。华北一年两熟灌溉区农业生产为高投入、高产出模式。大量的机具和能量投入虽然增加了粮食产量，同时也导致投入效益降低、能量资源浪费、环境污染等问题。

为了进一步研究固定道保护性耕作技术在该地区的效益，本节进行了固定道保护性耕作系统能量投入和产出。根据本课题的目的，研究对象为北京一年两熟区农田生产系统，为了便于比较，以单位耕地面积作为该系统的主体。围绕这个主体的输入成分包括化肥、油料、电力、农业机械、农药等工业能源输入和人力、种子等可再生的生物能源输入，系统输出部分主要是小麦和玉米的籽粒。

1. 能值的计算

上述各种不同物质能量的输入、输出量，必须转化成单一的热能量单位表示的能量流才能对系统进行能量分析。

（1）农机产品折能　农业机械的能量包括两个部分：一是农业机械生产耗费的能量，二是农业机械使用中耗费的能量。农业机械所需的能量可以通过下式进行计算：

$$E = \frac{MK(1-R)}{TA} \tag{3-4}$$

式中，E 为折算的能量，MJ/hm^2；

M 为机具的质量，kg；

K 为折能系数，MJ/kg；

R 为农机报废时的残值率,%。其中，动力机报废时的残值率一般为10%，机具报废时残值率一般为5%[11]；

T 为报废年限，年；

A 为年作业面积，hm^2。

（2）生物质折能　这里所涉及的生物质包括小麦、玉米等。这些生物质的能量随化学成分不同而不同，主要采用间接测定法来确定。

对于小麦和玉米，籽粒的折能可以通过下式进行计算[12]：

$$E(MJ/kg) = 0.24P + 0.39F + 0.155C + 0.175D \tag{3-5}$$

式中，E 为折算能量；P 为蛋白质含量；F 为脂肪含量；C 为可利用碳水化合物含量；D 为纤维素含量。

（3）化肥折能　化肥的能量是根据其加工方法，采用过程分析方法来计算的。化肥的能量需要是生产能量消耗，运输能量消耗，储存和转运能量消耗三者之和。

氮肥是化肥中最主要的能量消耗者。氮肥都是由氨制造的，工厂一般采用同样的合成氨的方法，除生产效率的因素，氮肥的能需应是基本相同的。钾肥和磷肥所需的能量主要是用在原料的开发上，因此其生产能需是比较稳定的，通过折能系数就可以计算出相应的化肥的能量。

（4）其他成分的折能　农药的能量包括直接用于加工有效农药配方部分和间接的生产碳氢化合物填料部分，其折能系数如表 3-23 所示。燃料和电力的能值一般采用过程分析法，得出其折能系数，从而计算出相应的能值。

表 3－23　农业系统各项成分折能系数　（MJ/hm^2）

名称	热量（MJ/kg）	名称	热量（MJ /kg）	
农机产品	209.2	农药	1 020.9	
柴油	43.5	人工	12.6	
氮（纯）	92.0	电	3.6	
磷（P_2O_5）	13.4	种子	16.0	
钾（K_2O）	9.2	作物籽实	15.7（小麦）	16.5（玉米）

注：人工折能系数为 12.6MJ/日，电的折能系数为 3.6MJ/（kW·h）。

通过相应的计算方法，可以得出投入和产出各个部分相应的实物流量转化成能流量的折能系数如表 3－23 所示。根据各项投入的折能系数，将各项投入折合为相应的能量如表 3－24 所示。

表 3－24　不同耕作体系试验第二年能量投入和产出情况

（单位：MJ/hm^2）

项目				固定道		非固定道	
				NTCN	STCN	NT	CK
投入	有机能	种子	冬小麦	4 958	4 958	4 958	4 958
			夏玉米	620	620	620	620
		人工		189	189	189	189
	无机能	农药		1 022	1 022	1 022	1 022
		肥料		31 387	31 387	31 387	31 387
		灌溉		7 533	7 533	7 533	7 533
		农机		3 265	3 265	3 390	3 576
		柴油		2 884	2 833	3 095	3 511
	总计			51 857	51 806	52 194	52 795
产出			小麦	74 616	73 751	78 061	77 275
			玉米	123 951	128 909	115 688	114 035
			总计	198 567	202 660	193 749	191 310
能量纯收益				146 710	150 854	141 556	138 515
产投比				3.83	3.91	3.71	3.62

2. 能量产投分析

表 3－24 为不同耕作体系试验第二年能量投入和产出情况。从投入上

看，固定道保护性耕作降低了农机和柴油的能量投入。固定道免耕和固定道深松比传统耕作减少农机能量投入 8.7%，柴油投入能量分别降低 17.9% 和 19.3%。相对于非固定道免耕，固定道免耕和固定道深松农机能量投入降低 3.7%，投入柴油能量分别降低 6.8% 和 8.5%。4 种不同处理中，传统耕作总投入最高，固定道免耕和固定道深松总投入能量分别比传统耕作降低 1.7% 和 1.9%。

从能量产出上看，4 种耕作处理能量产出分别为：固定道免耕 198 567MJ/hm^2，固定道深松 202 660MJ/hm^2，非固定道免耕 193 749MJ/hm^2，传统耕作 191 310MJ/hm^2。两种固定道处理总能量产出高于两种非固定道处理。相对于传统耕作，固定道免耕和固定道深松产出总能量分别提高 3.8% 和 5.9%。

固定道保护性耕作处理下冬小麦减产，因而冬小麦产出能量低于非固定道处理。相对于传统耕作，固定道免耕和固定道深松冬小麦能量产出分别降低 3.4% 和 4.7%。但是夏玉米能量产出高于两种非固定道处理。相对于传统耕作，固定道免耕和固定道深松夏玉米能量产出分别提高 8.7% 和 13.0%；相对于非固定道免耕，夏玉米能量产出分别提高 7.1% 和 11.4%。因此，固定道保护性耕作处理提高了总的能量产出。

从产投比来看，固定道免耕、固定道深松、非固定道免耕和传统耕作分别为 3.83、3.91、3.71 和 3.62。固定道处理平均产投比为 3.87，非固定道处理平均能量产投比为 3.67。固定道处理平均比非固定道处理提高能量产投比 5.4%。其中，固定道免耕和固定道深松比传统耕作提高 5.8% 和 8.0%，比非固定道免耕提高 3.2% 和 5.4%。产投比结果显示，固定道保护性耕作处理产出效率高于非固定道处理。

试验结果显示，固定道保护性耕作降低机具和油料的能量投入，同时通过夏玉米能量产出的增加，弥补了冬小麦能量产出的降低来提高总的能量产出，从而提高能量的产出效率。

从能量产投分析可以看出，固定道保护性耕作能量利用率高于非固定道保护性耕作。4 种处理中，固定道深松处理最高，固定道免耕其次，传统耕作产出效率最低。固定道保护性耕作通过改善土壤结构，降低机具和油料的能量投入，同时改善作物的生产，提高作物能量的产出，从而提高能量的利用效率。在非固定道保护性耕作下，尤其是传统耕作下，机具作业次数多，机具随机压实破坏了土壤的结构，不仅提高了油料能量的投入，而且降低了作物的能量产出，从而降低了能量的使用效率。

主要参考文献

[1] 孔祥斌，张凤荣，王茹．近 20 年城乡交错带土壤养分时间空间变异特征分析—以北京市大兴区为例．土壤，2004，36（6）：636～643.

[2] 胡鸿烈，丁加明，曾爱军，施森宝．2BQM-6A 型免耕播种机的研制．北京农业大学学报，1993，19（2）：41～47.

[3] 姚宗路．小麦对行免耕播种机的改进研究［D］．北京：中国农业大学，2005.

[4] 高焕文．保护性耕作技术与机具．北京：化学工业出版社，2004.

[5] 姬江涛，李庆军，蔡苇．刀具布置对茎秆切碎还田机振动的影响．农机化研究，2003，10（4）：63～64.

[6] 苏元升，高焕文，张晋国．免耕播种开沟器工作性能的测试与分析．中国农业大学学报，1994，4（4）：28～30.

[7] 苏元升．免耕播种开沟器及其测试系统的研究［D］．北京：中国农业大学，1999.

[8] 李汝莘．旱地保护性带状耕作增产节能机理及试验装备研究［D］．北京：中国农业大学，1998.

[9] 王晓燕，高焕文，杜兵，等．保护性耕作的不同因素对降雨入渗的影响．中国农业大学学报，2001，6（6）：42～47.

[10] 尹钧，曹卫星，周乃健，等．农田能量投入产出规律的研究．干旱地区农业研究，1999，17（3）：98～102.

[11] 李宝筏．农业机械学．北京：中国农业出版社，2003.

[12] 骆世明．农业生态学．北京：中国农业出版社，2001.

第四章 西北干旱灌溉区固定道保护性耕作研究

第一节 西北干旱灌溉区存在的问题

我国西北干旱区的地理位置处于欧亚大陆腹地，主要是指青藏高原以北、乌鞘岭、贺兰山以西的西北内陆干旱区，包括新疆全部、甘肃河西走廊、青海柴达木盆地及贺兰山以西内蒙古的广大地区，面积约 2.12×10^6 km^2，占国土面积的22%；人口约2 288万，仅占全国总人口的1.8%。干旱区最主要的问题是干旱。造成干旱的根本原因是长期持续性降水稀少，而且蒸发量又远远超过降水量所造成的。因此，干旱区最显著的特点就是持续干旱、植被稀少、荒漠广布，土地生产力极端低下。我国西北干旱区的典型景观特征是高山、绿洲和荒漠戈壁相间分布。其中绿洲面积仅占该区土地面积的4% ~5%，但却集中了该区 90% 以上的人口和 95% 以上的社会财富。

河西走廊是我国西北旱区最重要的灌溉农业区之一，也是固定道保护性耕作技术最具有应用前景的地区之一。河西走廊东起乌鞘岭西至当金山口，北面是内蒙古高原西南边缘的北山山地，南面是著名的祁连山脉，地势南北高、中间低，东西狭长。河西走廊土地资源丰富，共有土地面积 2 760万 hm^2，占全国总土地面积的2.88%。人口 476 多万，其中农业人口 315.2 万人。河西走廊降水稀少，年均降水量 50 ~ 200mm；气候干旱，年蒸发量 1 500 ~2 500mm。当地没有灌溉就没有农业，水资源是河西走廊地区的重中之重，是一切经济生态问题产生的根源。

河西走廊水资源由地表水和地下水组成。地表水产生于南部祁连山区，主要有测站控制河流的河川径流量、无测站控制的小河沟径流量、前山区径流量等3 部分组成，分别占到河西地表径流总量的91.2%、5.8%、3.0%。河西3 个流域的地表径流总量为 $69.92\times10^8 m^3$，其中石羊河流域年均地表径流量总量为 $15.87\times10^8 m^3$，黑河流域年均地表径流总量为 $36.83\times10^8 m^3$，疏勒河流域年均地表径流总量为 $17.22\times10^8 m^3$（不含苏干湖水系）。由于祁连山区灌溉消耗水量，所以出山进入河西走廊地区的地表径流量占山区产流总量的96.8%，山区耗用水量占3.2%。祁连山区出山进入河西走廊平原区的地表径流量为$67.69\times10^8 m^3$，其中石羊河流域出山地表径流量为$15.29\times10^8 m^3$，黑河流域出山地表径流量为$35.87\times10^8 m^3$，疏勒河流域出山地表径流量为$16.63\times10^8 m^3$（不含苏干湖水系）。

河西走廊地下水动态资源主要来源于河流地表水的转化，是由地表水通过河道渗漏，渠系、田间入渗的补给，属于与地表水相重复的部分。与地表水不重复的补给量主要来源于降水、凝结水入渗和地下径流侧向补给。根据水文地质部门计算，河西走廊与地表水不重复的地下水补给量为$4.94\times10^8 m^3$。其中石羊河流域为$1.32\times10^8 m^3$，黑河流域为$2.49\times10^8 m^3$，疏勒河流域为$1.13\times10^8 m^3$。河西走廊水资源主要是指地表水资源和地下水资源，地表水产生于南部祁连山区，地下水资源主要来源于河流地表水的转化。

河西走廊实有可供利用的水资源量（不包括祁连山消耗的水量），是指出山进入走廊平原的地表径流量及与地表水不相重复的地下水补给量之和。石羊河流域走廊区实有的水资源量为$16.61\times10^8 m^3$；黑河流域水资源总量为$38.36\times10^8 m^3$，但按甘蒙分水方案，扣除下泄下游额济纳旗$7.5\times10^8 m^3$水量，则黑河流域走廊区实有水资源量为$30.86\times10^8 m^3$，占黑河流域水资源量的78.5%；疏勒河流域走廊区实有水资源量为$17.76\times10^8 m^3$。河西走廊3个流域合计实际可以利用的水资源量$65.23\times10^8 m^3$（已扣除黑河下泄额济纳旗的水量），其中地表水量占93.21%，地下水占6.79%。

根据甘肃省土地利用现状1∶1详查资料，河西走廊有农田灌溉面积65.38万hm^2，旱耕地23.01万hm^2，宜农荒地31.15万hm^2。河西走廊现有旱耕地和宜农荒地的面积是现有农田灌溉面积的83%，具有较大的开发潜力。目前，河西走廊各流域每公顷农业净耗水和每公顷现有实际农业耗水量如表4-1所示。

表4-1　河西走廊各流域每公顷农业耗水量

测算目标	石羊河流域	黑河流域	疏勒河流域
按净耗水测算每公顷耗水	4 942	5 699	6 607
按现有实际耗水测算每公顷耗水	5 850	6 975	7 950

按河西走廊现有灌溉面积、旱作耕地和宜农荒地面积测算，水资源、地表水供需平衡见表4-2和表4-3。由表可以看出，以现有灌溉面积按净耗水

计算，河西走廊流域水资源缺水 $5.21\times10^8m^3$，缺地表水 $10.15\times10^8m^3$；分别占现有水资源的7.99%和16.84%。其中：石羊河流域水资源缺水 $3.83\times10^8m^3$，缺地表水 $5.15\times10^8m^3$；黑河流域水资源缺水 $2.94\times10^8m^3$，缺地表水 $5.43\times10^8m^3$；疏勒河流域的无论是水资源还是地表水都略有剩余。

表 4－2　现有灌溉面积下河西走廊各流域，水资源、地表水供需平衡状况

（10^8m^3）

流域名称	按净耗水测算水资源平衡	按净耗水测算地表水平衡	按现有实际耗水测算水资源平衡	按现有实际耗水测算地表水平衡
石羊河	－3.83	－5.15	－6.58	－7.9
黑　河	－2.94	－5.43	－7.42	－9.91
疏勒河	1.56	0.43	0.65	－0.48
河　西	－5.21	－10.15	－13.35	－18.29
（%）	－7.99	－16.84	－20.47	－30.34

从以上分析可以看出：

（1）地表水不够，地下水过度开采，水资源严重缺乏。以河西走廊民勤县为例，民勤县位于石羊河下游，全县全年运行的机井就有14 000眼，年采地下水 $5\times10^8m^3$。随着地下水的严重超采，水位下降，许多机井已深达300多米，地面植被大量枯死，流沙以每年8～10m的速度向绿洲逼近。百年前“水草丰茂，可牧可鱼”，水域面积达 $120km^2$ 的青土湖，到20世纪50年代完全干涸，如今腾格里沙漠与巴丹吉林沙漠在青土湖北部汇合淹没湖区，青土湖滩已经被流沙全部覆盖，迫使农民迁居他乡。据专家推测：民勤如果不从根本上治理，不到20年时间就会成为第二个罗布泊。可见，河西走廊水资源供需矛盾十分突出，已严重限制了这一地区农业的可持续发展。

表 4－3　现有灌溉面积、旱作耕地和宜农荒地面积下河西走廊各流域水资源、地表水供需平衡状况

（10^8m^3）

流域名称	按净耗水测算水资源平衡	按净耗水测算地表水平衡	按现有实际耗水测算水资源平衡	按现有实际耗水测算地表水平衡
石羊河	－13.56	－14.88	－18.09	－19.41
黑　河	－15.63	－18.12	－15.63	－18.12
疏勒河	－6.34	－7.47	－8.85	－9.98
河　西	－35.53	－40.47	－42.57	－47.51
%	－54.47	－67.13	－65.26	－78.80

（2）从有记载的水文资料看，祁连山逐年雪线上升，水源涵养林锐减，涵养能力持续下降。以现有灌溉面积按净耗水计算，农业耗水占 52.73%，其他各部门的耗水只占 10.79%。所以，农业节水是解决河西走廊水资源供需矛盾的关键，河西走廊水资源的平衡只能靠农业节约用水、合理用水、提高农业用水效率来实现。

（3）河西走廊是水资源浪费最严重的地区之一，尤其是农业用水。据研究资料，河西走廊采用大水漫灌、串灌、冬季储水灌等灌溉方式，灌溉水的利用率很低。从渠系水到田间水的净利用率为 48%，从渠系水到被作物吸收的有效利用率仅为 23% 左右，约 70% 的水以渠系渗漏、蒸发、田间渗漏等形式而被浪费。其中有 52% ~55% 的田间灌溉水量损耗于作物棵间的无效蒸发。世界发达国家灌溉水利用率是 70% ~80%。河西走廊水分生产率为 0.8kg/m^3，世界发达国家水分生产率 2kg/m^3。

同时，在我国西北旱区，包括河西走廊流域由于长期采用传统翻耕的耕作方式，加上土壤风蚀，水资源过度利用等原因，出现了严重的土壤退化、环境污染等问题，使得土壤的生产能力逐渐降低，作物产量下降，农业生产不可持续。可考虑采用免耕、少耕等先进的耕作方式，减少作物生产对土壤的扰动量，控制风蚀，保护日益退化的土地资源。

固定道保护性耕作在我国西北地区的表现模式为：将固定道、垄作、免耕、秸秆覆盖和沟灌相结合的一项综合技术，它是保护性耕作技术在灌溉农业区的发展。其基本特征是采用固定道沟灌和垄作，并且将作物生长带和车轮行驶带永久分离，作物只种植在垄沟之间凸起的垄床上，作业机具车轮则只在垄沟上行驶。他要求永久保持垄床形状，在下茬作物播种前，只对垄进行少量修整，并通过免耕、秸秆覆盖和机械、化学除草等技术达到节水、防涝、减少耕作和管理垄床表面作物残茬的目的。其在世界各国的应用都表明这种模式有利于保水、保土、增产，具有显著的经济、环境和社会效益。

鉴于我国西北旱区农业发展存在的问题，并考虑到固定道保护性耕作的优点，在澳大利亚国际农业研究中心和农业部的支持下，中国农业大学通过和甘肃省农业科学院、甘肃省农业机械管理局以及澳大利亚昆士兰大学合作，自 2004 年，在河西走廊地区开展了系统的固定道保护性耕作技术的研究，同时开始在我国西北灌溉农业区推广这一技术。

第二节　西北干旱灌溉区固定道保护性耕作体系试验设计

中国农业大学保护性耕作研究中心为了研究我国西北灌溉农业区固定道保护性耕作促进作物生长，增加产量，改良土壤结构，提高经济效益等效果，在河西走廊张掖市建立了固定道保护性耕作试验区，自2004年，开始了系统的固定道保护性耕作的试验研究。

一、试验点条件

张掖市位于我国西北河西走廊中部，黑河中游东岸，东经100°10′～100°35′，北纬38°50′～39°09′之间。灌区地势由西向东倾斜，属祁连山山前冲积平原，平均海拔1 570m，属大陆性寒温带干旱气候，冬夏较长，春秋较短，春季多风少雨，冬季较为寒冷。年平均气温7.0℃，最低气温-28℃，最高气温38.5℃，年有效积温3 388℃。平均年降水量129mm，水量年内分布不均匀，年蒸发量2 048mm，年日照时数3 106h，年太阳辐射148.12kcal/cm^2；平均冻土深度120cm，无霜期148天。具有日照时间长，太阳辐射强，昼夜温差大，降雨稀少，蒸发强烈，光热资源丰富，适宜多种作物生长等特点。

固定道保护性耕作试验具体在张掖市小满乡甘肃省农业科学研究院张掖节水试验站进行。试验地土壤类型为轻壤土，0～20cm速效磷24.7mg/kg，速效钾82mg/kg。一年种植一季春小麦或春玉米。春小麦3月播种，4月、5月、6月3个月各灌溉一次，7月收获；春玉米4月播种，5月、6月、7月、8月每月各灌溉一次，9月收获。由试验区基本情况分析可知，张掖降雨量少，蒸发量大，属于典型的绿洲农业区，灌溉在农业生产中所占比重很大，而西北干旱地区水资源严重缺乏，因而节约灌溉用水，提高水分利用效率，降低灌溉成本对于当地农业生产尤为重要。

二、技术模式及试验设计

试验区设置了3种不同处理：传统耕作（TT）、免耕覆盖（ZT）和固定道保护性耕作（PRB）。根据当地一年一熟春小麦或春玉米的轮作体系，在试验的3年（2005年，2006年和2007年），所有3种处理种植的都是春小麦，品种为陇辐2号，播种量为450kg/hm^2，施肥量为尿素300kg/hm^2，磷酸二铵 375kg/hm^2。

表 4－4　张掖试验区不同耕作体系春小麦生产作业工序

月份	传统耕作	免耕覆盖	固定道保护性耕作	
			第 1 季	第 2 季
3 月	人工撒播施肥、翻耕、整、平地、春小麦播种	免耕播种春小麦	起垄、垄作免耕播种春小麦	垄作免耕播种春小麦
4 月	大水漫灌 1 次、喷洒除草剂	大水漫灌 1 次、喷洒除草剂	沟灌 1 次、喷洒除草剂	沟灌 1 次、喷洒除草剂
5 月	大水漫灌 1 次	大水漫灌 1 次	沟灌 1 次	沟灌 1 次
6 月	大水漫灌 1 次	大水漫灌 1 次	沟灌 1 次	沟灌 1 次
7 月	收获人工移除秸秆、翻耕	收获（全秸秆覆盖、15～20cm 高留茬）	收获（全秸秆覆盖、15～20cm 高留茬）	收获（全秸秆覆盖、15～20cm 高留茬）
8 月～翌年 3 月（第二年）	休闲、灌冻水（11 月）	休闲、灌冻水（11 月）	休闲、灌冻水（11 月）	休闲、灌冻水（11 月）

传统耕作（TT）：传统耕作春小麦生产作业工序如表 4－4 所示，春小麦在播种至收获期间共灌溉 3 次，灌溉方式为大水漫灌。其中，春小麦的播种行距为 150mm。第 2 季试验播种前地表如图 4－1 所示。

图 4－1　传统耕作播前地表

免耕覆盖（ZT）：免耕覆盖春小麦生产作业工序如表 4－4 所示，春小麦在播种至收获期间共灌溉 3 次，灌溉方式为大水漫灌。其中，春小麦的播种行距为 150mm。第 2、第 3 季试验播种前地表如图 4－2 所示。

图 4－2　免耕覆盖播前地表

固定道保护性耕作（PRB）：固定道保护性耕作春小麦生产作业工序如表 4－4 所示，春小麦在播种至收获期间共灌溉 3 次，灌溉方式为固定道沟灌。试验播种前地表如图 4－3 所示，试验地在经过 8 个月的休闲后，部分秸秆已腐烂，由于垄沟截留了部分春小麦秸秆，在经历整个冬天后秸秆覆盖效果相对较为明显。

a

b

图 4－3　固定垄保护性耕作播前地表　a：新垄(第 1 季)　b：旧垄(第 2、第 3 季)

固定道保护性耕作处理的垄型如图 4－4，具体尺寸如下：相邻垄的中心距为 1 000mm，垄面宽度 650～700mm，垄高 150～200mm。其中，每垄种植 5 行春小麦或 2 行春玉米，小麦播种行距为 130mm。

三、配套机具

在固定垄保护性耕作条件下，我国北方灌溉区小麦固定垄机械化生产的主要机械作业过程如图 4－5。

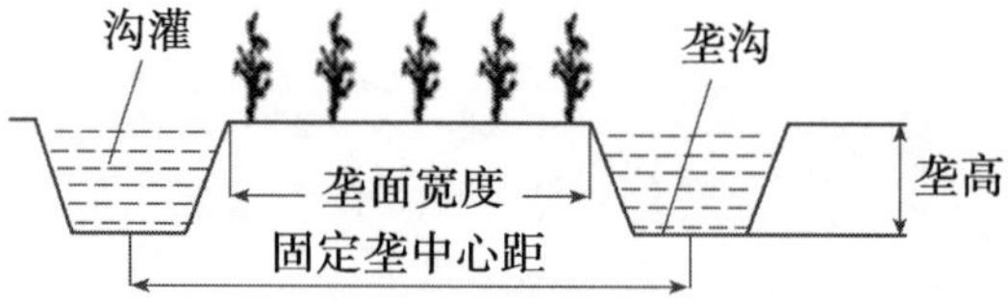

图 4－4　固定道保护性耕作处理的垄形

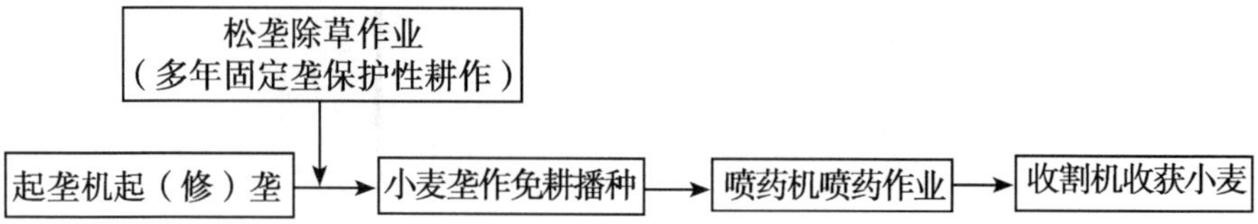

图 4－5　小麦固定垄生产主要机械作业流程图

配套的主要机器系统包括：起修垄机、垄作免耕播种机、松垄除草机、收割机。

1. 起修垄机

在固定垄保护性耕作技术中，垄床对于播种质量及作物生长和管理有着非常重要的意义。同时，由于该技术要求保持永久垄床，垄床在作物的生长过程中会因降雨及灌溉水的冲击作用而失去垄形。因此，在上茬作物收获后下茬作物播种前都需要进行修垄作业。

图 4－6 和图 4－7 是针对当地的需要设计的 1QL-700 型起修垄机。

图 4－6　1QL－700 型起修垄机作业图

该机的设计主要针对一年一熟制的西北灌溉农业区，由于受拖拉机动力（一般为 15～20 马力，即 11. 2～14. 9kW）和轮距、收割机尺寸、春小麦和春玉米播种行距（一般春小麦播种行距为 120～150mm；春玉米播种行距为

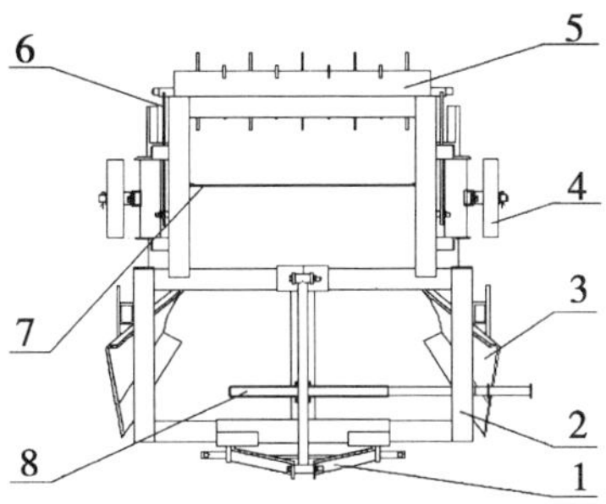

图4－7 1QL－700型起修垄机结构示意图

1. 悬挂架 2. 机架 3. 起垄犁 4. 限深轮 5. 镇压滚
6. 起垄刮板 7. 垄面刮土板 8. 中央螺栓调节机构

450～650mm）等因素的影响，固定垄保护性耕作的垄型尺寸如图4－4所示。因此设计的起修垄机的尺寸应满足当地固定垄保护性耕作系统垄面宽度的要求，且起垄、修垄作业后应保持垄床具有一定的紧实度，保证垄床形状和垄面平整度，避免起垄和修垄作业造成大量水分损失，不利于作物出苗和生长。

起、修垄作业时，起垄犁将两侧的土壤翻到中间形成垄体，而土壤被翻区域形成垄沟。同时，两侧呈对称分布的起垄刮板在垄面刮土板、镇压滚配合下，完成垄床成形和镇压作业。调节限深轮和中央螺栓调节机构，可保证机具和拖拉机相对位置的一致性，并形成不同高度垄床的起、修垄作业。

2. 垄作免耕播种机

本试验中机具最大的特点是：所采用的固定道垄作免耕播种机不同于目前普遍使用的平作免耕播种机，机具不仅需要在秸秆覆盖条件下实现垄上免耕播种，保证播种质量，而且需要修复因降雨、灌溉和人工、机具作业等原因破坏的垄床，并对播种行起到很好的镇压效果。

张掖试验用的播种机具为2BFML-5小麦、玉米垄作免耕播种机（图4－8和图4－9所示）。2BFML-5小麦、玉米垄作免耕播种机可以通过更换排种器实现垄上播种小麦和玉米。机具同样采用短翼型尖角式施肥开沟器和箭铲式播种开沟器开沟，施肥，下种，实现种肥分施。作业时，通过地轮带动传动链轮驱动排种、排肥装置；修垄犁对边行进行覆土和修垄，镇压轮完成垄床镇压作业。

如图4－10，对于新垄播种，播种机两侧的修垄犁通过与后部的整垄滚筒镇压轮配合，不仅可将垄沟内的碎土翻到垄面上，而且能对垄面起到很好的压实、定形和整垄镇压作用；对于旧垄免耕播种，垄面由于雨水、灌溉、机具作业和秸秆覆盖等原因而凹凸不平，不易实现整垄镇压，播种机则通过两侧的修垄犁与5行单体镇压轮配合，修复垄床，对播种行进行单行镇压。该机的另一特点是通过调解驱动轮或机架的高度，可同时实现平作小麦、玉米免耕播种。

图4－8　2BFML－5型固定垄免耕播种机

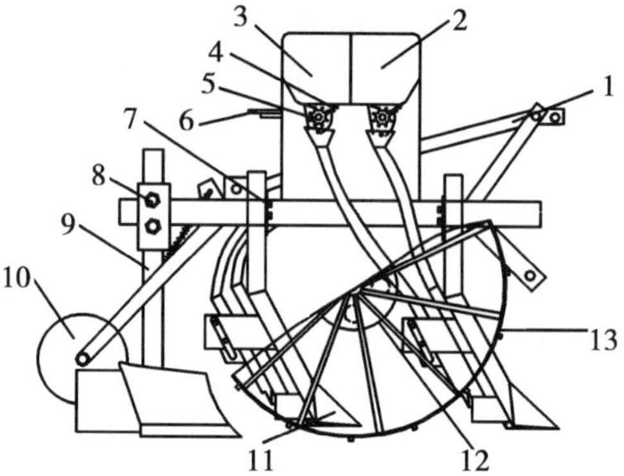

图4－9　2BFML－5型免耕播种机结构示意图

1. 悬挂架　2. 肥箱　3. 种箱　4. 种刷　5. 排种轮　6. 播种量调节杆　7. 开沟深度调节螺钉　8. 修垄犁调节螺钉　9. 修垄犁　10. 镇压轮　11. 开沟器　12. 传动链轮　13. 地轮

3. 松垄除草机

固定垄保护性耕作采用固定垄沟灌，灌溉时，对于垄面宽度较小的垄（固定垄中心距<100cm），垄沟内的水分能够在较短的时间内水平侧渗到垄面中央地表以下0~100cm深度范围内，满足垄面中间作物生长的需要。对

a 新垄播种　　b 旧垄播种

图 4－10　2BFML-5 型固定垄免耕播种机田间作业

于垄面宽度较大（固定垄中心距≥100cm）的固定垄，由于灌溉水需要较长时间由固定垄垄沟水平侧渗到垄面中央，而更多的水分在这段时间内已经垂直入渗到固定垄垄沟，从而造成垄床中央地表以下 0～100cm 深度平均土壤含水量低。

松垄作业作为宽垄沟灌条件下的一项重要水分增渗技术，是在不破坏垄床的前提下，通过松垄机具的土壤工作部件（割刀）沿垄的方向切割垄床底部，这样不仅能对垄床底部土壤起到松动作用，而且灌溉时能促进垄沟内的水分向两侧垄床渗透，提高垄床的渗水能力，从而促进作物生长，提高作物产量。

根据这一目标，设计了 1L-1000 型松垄机（图 4－11）和 3 种土壤工作部件（图 4－12）：平刀、缺口刀和“V”型刀。利用该机在宽垄固定垄保护性耕作条件下，进行了松垄作业的试验，试验结果表明，一次松垄作业在一季小麦的整个生长过程中都能有效地增加垄床土壤含水量，加速水分由垄沟向两侧的垄床侧渗，并能持续提高垄床土壤地温，促进春小麦出苗和生长，从而提高春小麦产量。

4. 喷药浅松除草联合作业机

在固定垄保护性耕作技术体系试验和应用过程中，杂草的防除成为一个急需解决的难题。传统耕作可对多年生杂草的根茎等繁殖体进行撕扯、切割、暴晒和霜冻，对一年生杂草种子进行掩埋，而固定垄保护性耕作体系采取多年免耕后，小麦—玉米田间杂草繁多，发生频率高，已成为影响作物生长，阻碍该技术发展推广的一大威胁。现有的保护性耕作体系下的除草机具，如玉米免耕播种喷药联合作业机、弹齿式少耕除草机等都只是解决在平作保护性耕作模式下非苗期的除草问题，而鉴于垄作体系垄沟及垄台设置规

图 4－11　1L-1000 型松垄除草机

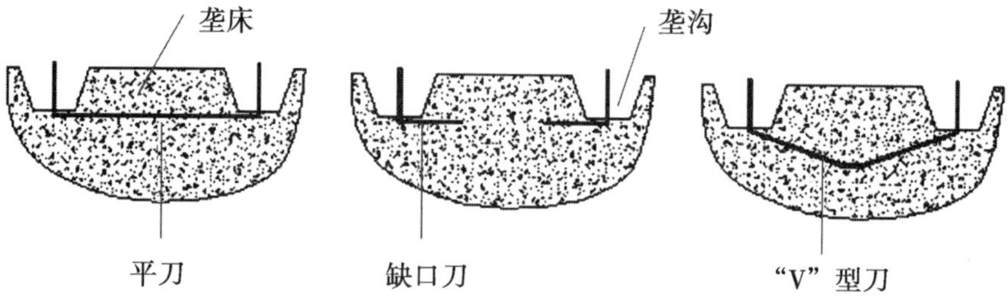

图 4－12　不同类型割刀松垄作业示意图

格，垄上作物间距较窄，对除草铲作业精度及走直性要求增高，垄台突起、垄沟凹陷增加了垄上作物实际高度，对机具作业高度可调范围要求加大等问题，另外，甘肃河西走廊地区还具有风多、风大、空气干燥等气候特点，现有这些机具都不适于固定垄保护性耕作体系。项目组针对甘肃河西走廊地区固定垄保护性耕作模式下，杂草种类繁多，多年生杂草根系粗大，春季较易复苏，不易喷杀，一年生杂草多为藤蔓缠绕型，机械铲除不彻底等问题，设计了一台垄作喷药浅松除草机。

如图 4－13 和图 4－14，该机采用化学喷药 + 机械浅松组合除草原理，由三段式可折叠机架、圆弧形防飘罩盖、化学喷药系统和机械浅松系统等组成。玉米苗期田间除草试验表明，本机具机械浅松机构主要铲除玉米行间杂草，单独作业时杂草株数防效率为 89.2%；化学喷药系统主要覆盖性喷杀作业区一年生杂草，单独作业时杂草株数防效率为 94.6%；两种方式联合作业模式下杂草株数防效率为 97.3%，说明机械浅松与化学喷药相结合的方式杂草综合防治效果最好，此外，该机还可进行休闲期、苗前以及播后苗前等其他不同阶段的杂草处理。因此，本机实现了纯化学除草、纯机械除草、机械化学除草联合作业等不同方式作业，解决了固定垄保护性耕作模式下玉米、小麦整个生长期杂草的防除问题。

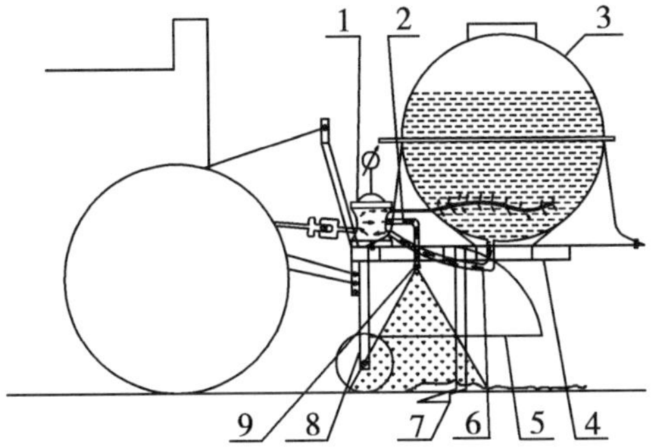

图 4－13　垄作喷药浅松除草机工作状态侧视图

1. 液泵　2. 喷药管　3. 药箱　4. 机架　5. 圆弧形防飘罩盖
6. 出液口　7. 双翼除草铲　8. 单臂限深轮　9. 喷头

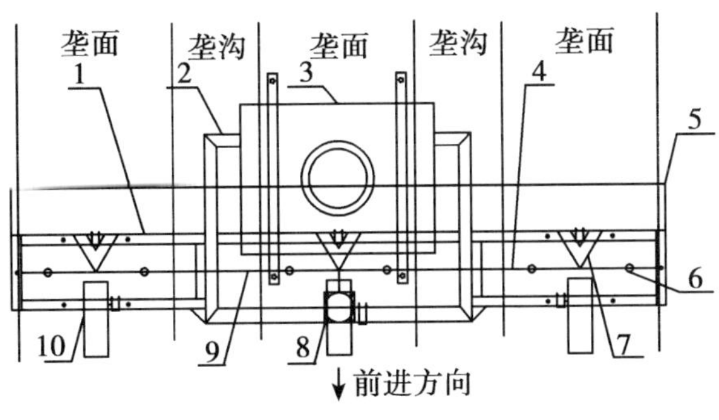

图 4－14　双翼除草铲、喷头及圆弧形防飘罩盖安装位置图

1. 两翼机架　2. 中央机架　3. 药箱　4. 喷药管
5. 两翼罩盖　6. 喷头　7. 双翼除草铲　8. 单臂限深轮

5. 收割机

为了提高作物收获的效率，研制了固定垄保护性耕作的披挂式垄作业收获机，如图 4－15，以当地常用的小型拖拉机为动力，既能保证机械收获的质量，又能保持垄床的稳定性。

图 4-15　披挂式垄作收获机

四、试验测试内容

1. 节水效应

不同耕作系统作物生长过程中灌水量的测定；

不同耕作系统不同深度土层土壤含水量的测定；

不同耕作系统作物根系生长的测定；

不同耕作系统水分利用率的测定。

2. 环境效益

不同耕作系统作物生长不同阶段不同深度土层土壤容重的确定；

不同耕作系统不同深度土层土壤紧实度的确定；

不同耕作系统作物生长不同阶段不同深度地温的测定；

不同耕作系统土壤有机质含量的测定。

3. 经济效益

不同耕作系统下作物各关键期植株性状的测定；

不同耕作系统作物产量的对比；

不同耕作系统投入与产出的对比分析。

4. 田间测试项目、方法和仪器

① 土壤含水量　测试方法：每次在每个试验小区用 120cm 土钻取 3 个点，每点测量深度为 100cm，分别取 0～10cm，10～20cm，20～30cm，30～40cm，40～60cm，60～80cm，80～100cm 7 个土层的土，然后将土样放入体积为 $100cm^3$ 的铝盒立即盖好盖，称重，称重后打开盖置于烘箱内，在 105～110℃条件下烘干至恒重，测定土壤质量含水量 θ_m 和土壤容重 ρ_b，根

据 $\theta_v = \rho_b \theta_m$（式中：$\theta_v$ 是体积含水量）换算为体积含水量。

测试仪器：电锤，容重钻，铝盒，烘箱，天平等。

② 土壤容重　与土壤含水量的测定同时完成；测试方法和测试仪器与土壤含水量基本相同。

③ 土壤紧实度　0～40cm 土层深度的土壤紧实度采用 Cone index 土壤紧实度仪直接测得。

④ 土壤地温　测定方法：采用曲管式地温计测定地表以下 5cm、15cm 和 25cm 深度土层地温，每天的观测时间为 8：00 时、14：00 时和 20：00 时，不同土层深度的日平均地温（T）根据 $T=(2T_8+T_{14}+T_{20})/r$（式中 T_8、T_{14}和 T_{20}分别为 8：00 时、14：00 时和 20：00 时的地温）计算。

⑤ 叶面积　春小麦的叶面积采用 LI-600 叶面积仪直接测定。

⑥ 植株干重　选取整个植株的地上部分，置于烘箱中 105℃杀青两小时，70℃烘干至恒重。

⑦ 根干重　对于春小麦和冬小麦，挖取 40cm×40cm×50cm 的土层空间范围，用水冲净后将不同株小麦根系分开，置于烘箱中 105℃杀青两小时，70℃烘干至恒重得到单株小麦根干重；对于夏玉米，直接测定单株玉米的根系，实测空间范围为 40cm×40cm×50cm，洗净后采用相同的方法置于烘箱中烘干至恒重得到单株夏玉米根干重。

⑧ 气象要素　试验地气象要素（降雨、大气温度、风速等）都通过试区内安装的自动气象站测得。

第三节　西北干旱灌溉区固定道保护性耕作试验效果

一、节水效应

1. 灌溉量

① 灌溉量的确定　张掖试验区不同处理的灌溉量根据非充分灌溉的理论确定。非充分灌溉是针对水资源的紧缺性与水分利用效率低下的普遍性而提出，目前在水资源匮乏的地区得到了广泛地应用。非充分灌溉广义上可以理解为：灌水量不能完全满足作物的生长发育全过程需水量的灌溉，将有限的灌溉水科学合理（非足额）地安排在对产量影响比较大，并能产生较高经济价值的水分临界期供水，在非水分临界期少供水或不供水。非充分灌溉在水资源有限地区，建立合理的水量与产量关系模式，通过增加灌溉面积而

获得大面积总量的均衡增产，力求在水分利用效率—产量—经济效益三方面达到有效统一。

张掖固定道保护性耕作试验区中传统耕作和免耕覆盖处理采用大水漫灌，固定道保护性耕作处理采用固定道沟灌。春小麦整个生长过程中，出苗期—拔节期，拔节期—抽穗期和抽穗期—灌浆成熟期各灌溉一次。由于试验区位于西北灌溉农业区，降雨量少而蒸发量大，因此灌溉量（V，单位：mm）土壤水分下限水平相对较高，为80%，同时，春小麦不同生育期计划层深度也较深，计算公式如下：

$$V = 1\ 000 \times (W_0 - W_h) \times h \times 80\% \tag{4-1}$$

式中：W_0—田间最大持水量（%），试验测得其值为33%；

W_h—计划层深度土壤平均含水量（%），其中固定道保护性耕作为垄中和垄边（距离垄面正中央25cm处）计划层深度土壤含水量平均值；

h—计划层深度。其中拔节期计划层深度为0～0.8m，抽穗期为0～1.0m，灌浆成熟期为0～1.2m；

80%—土壤水分下限水平。

② 灌溉量的控制　张掖试验区的灌溉水源来自附近黑河的地表水，灌溉水通过水渠输送到试验地。试验灌溉时的灌溉量由120°“V”型量水槽控制。

根据Donglas编著的《开口水渠设计手册》，120°“V”型量水槽尺寸关系如图4－16所示，其中H_{max}为最大水流高度，由式4－2确定：

$$Q = 8\ 606H^{2.5} \tag{4-2}$$

式中：Q—每小时灌溉量，m^3/h；

H—水流高度，m。

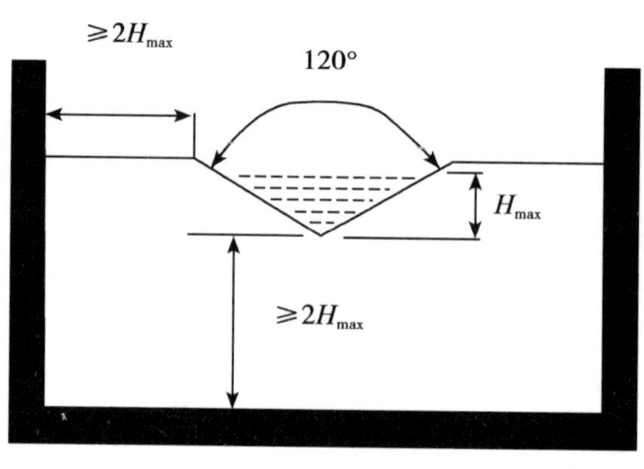

图4－16　“V”型量水槽尺寸

灌溉时，灌溉水通过“V”型量水槽后流到试验地中间的水渠，从地块中心往两边灌溉，考虑到供水强度太大会出现灌溉水漫垄的问题，因此可稍延长灌溉时间，每小时灌溉量 Q 不宜太大。设计时，取“V”型量水槽最大每小时灌溉量 Q_{max} 为 $180m^3/h$，计算得出 H_{max} 为 0.213m，实际取 H_{max} 为 0.22m。以每小块试验地 $600m^2$ 为例，如果所需灌溉量为 $1\ 800m^3/hm^2$，以 $Q_{max}=95m^3/h$ 的每小时流量，约 68min 可完成灌溉。田间试验量水和灌溉的情况如图 4－17 和图 4－18。

图 4－17 “V”型量水槽田间试验

图 4－18 试验区沟灌

③ 不同耕作体系的灌溉量 试验测得张掖试验区 2005 年、2006 年和 2007 年传统耕作、免耕覆盖和固定道保护性耕作 3 种不同处理春小麦整个生长过程中的灌溉量如表 4－5 所示。表中数据表明，在春小麦整个生

长过程中，相对传统耕作处理，免耕覆盖和固定道保护性耕作处理由于采用了免耕播种，高留茬和作物秸秆覆盖，有效地改良了土壤结构，提高了土壤的蓄水能力，地表以下不同土层的土壤含水量都较高，因而相应地减少了春小麦生长所需的灌溉量。其中，2005 年、2006 年和 2007 年免耕覆盖处理相对传统耕作分别减少了 7%、12% 和 5% 的灌溉量，固定道保护性耕作处理分别减少 23%、28% 和 19% 的灌溉量。就免耕覆盖处理和固定道保护性耕作处理来看，由于作物生长区域（垄床）消除了机具、人工作业时的土壤压实，垄床的蓄水能力更强，因而固定道保护性耕作处理所需灌溉量更少，在 2005 年、2006 年和 2007 年分别减少了 17%、18% 和 14% 的灌溉用水。

表 4－5　不同处理春小麦整个生长过程灌溉量情况（2005～2007 年）

（m^3/hm^2）

年份	耕作方式	灌溉量				相对传统耕作灌溉减少量（%）
		出苗期至拔节期	拔节期至抽穗期	抽穗期至灌浆成熟期	总灌溉量	
2005	传统耕作（漫灌）	942	1 387	1 699	4 028	
	免耕覆盖（漫灌）	876	1 308	1 548	3 732	7
	固定道保护性耕作（沟灌）	816	996	1 296	3 108	23
	灌溉日期	4 月 18 日	5 月 16 日	6 月 19 日		
2006	传统耕作（漫灌）	924	1 324	1 638	3 886	
	免耕覆盖（漫灌）	840	1 152	1 428	3 420	12
	固定道保护性耕作（沟灌）	744	900	1 152	2 796	28
	灌溉日期	4 月 20 日	5 月 20 日	6 月 24 日		
2007	传统耕作（漫灌）	915	1 275	1 578	3 768	
	免耕覆盖（漫灌）	876	1 200	1 492	3 568	5
	固定道保护性耕作（沟灌）	802	1 065	1 191	3 058	19
	灌溉日期	4 月 16 日	5 月 17 日	6 月 21 日		

④ 不同耕作体系土壤水分　2005 年、2006 年和 2007 年春小麦全生育期内 3 种耕作模式 0～100cm 平均土壤水分含量动态变化如图 4－19 所示。3 年土壤含水量动态变化表明，传统耕作、免耕覆盖和固定道保护性耕作处理 0～100cm 平均土壤水分含量在春小麦的整个生育过程中都呈逐渐降低趋势。在每年 3 月春小麦播种时，土壤开始解冻，水分由土壤深层向地表运动被释放出来，此时土壤含水量在春小麦全生育期内达到最大；每年 7 月春小麦成熟时，外界温度基本达到一年最高的时候，春小麦阶段蒸散量也集中于抽穗至成熟阶段，达到了全生育期蒸散量的 41.3%～68.6%，此时土壤含水量在春小麦全生育期内达到最低。

从图 4－19 可以看出，在灌溉以后，虽然传统耕作、免耕覆盖和固定道保护性耕作处理都能较大地提高土壤水分含量，但在下次灌溉之前的近 1 个月内，相对传统耕作和免耕覆盖处理，固定道保护性耕作处理能减少 10% 左右的土壤水分损失，更有效地保持相对较高的土壤含水量，因此，就土壤蓄水能力而言，固定道保护性耕作要强于免耕覆盖，免耕覆盖强于传统耕作。同时，2005～2007 年试验还表明，在降雨相对集中的月份，3 种不同耕作方式对雨水的吸收能力和利用效率也表现出了相同的趋势。

在整个 2005～2007 年试验期间，3 年春小麦全生育期 0～100cm 平均土壤含水量由固定道保护性耕作、免耕覆盖到传统耕作逐渐降低。虽然在 2005 年 3 月试验刚开始时，固定道保护性耕作处理由于起垄作业造成了土壤水分的损失，因而固定道保护性耕作处理的土壤含水量都低于免耕覆盖和传统耕作处理，但随着试验的进行，由于春小麦根系的固土作用和土壤的自然回复功能，垄床土壤结构逐渐改善，同时，固定道保护性耕作改善土壤团粒结构的功能增强了土壤的保水性能。

即使 2005 年、2006 年和 2007 年传统耕作、免耕覆盖处理的灌溉量虽然分别比固定道保护性耕作处理高，但相对沟灌，传统的大水漫灌供水强度大，入渗时间短，灌溉水与土壤的接触面积由沟灌的 30%～38%（因灌溉水只在垄沟内流动而不漫过垄床）提高到了 100%，因而相应增大了水分的蒸发量和下渗损耗，减少了有效灌溉水量，同时相对较差的土壤结构降低了土壤的蓄水功能，因而在春小麦全生育期内，固定道保护性耕作的土壤含水量要高于传统耕作和免耕覆盖。相对传统耕作，免耕覆盖处理由于更少的土壤扰动量和蒸散量，所以土壤含水量相对较高。从图 4－19 可以看出，在春小麦的全生育期内，相对传统耕作，2005 年、2006 年和 2007 年固定道保护

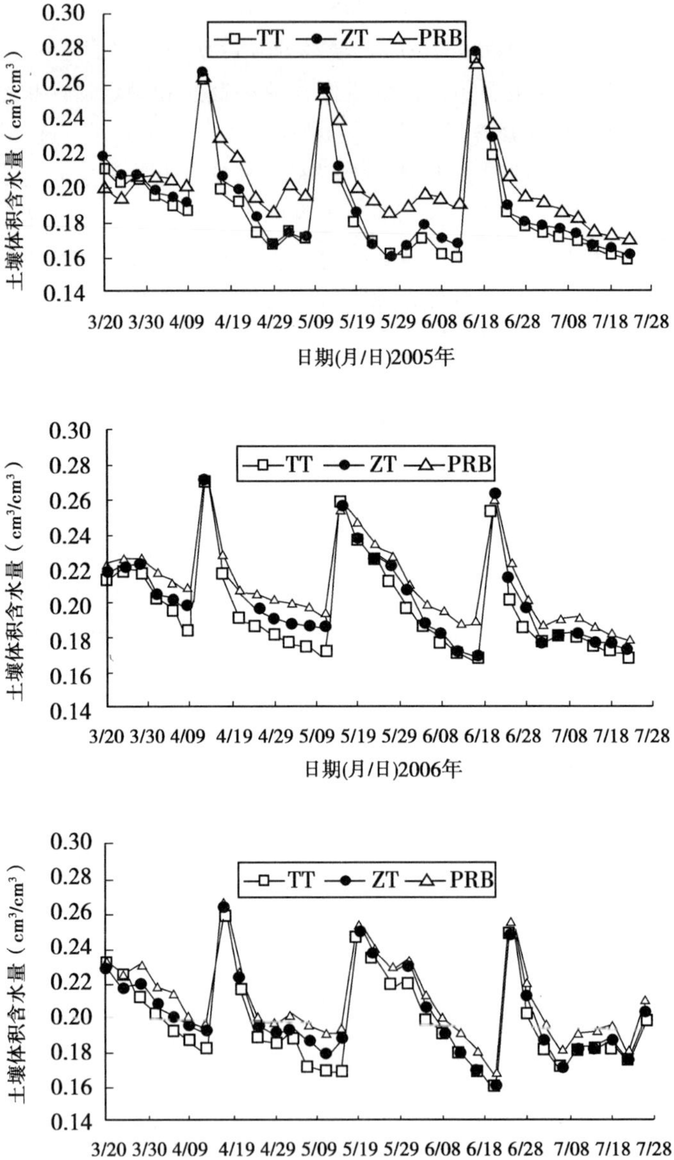

TT 传统耕作，ZT 免耕覆盖，PRB 固定道保护性耕作

图 4－19　2005 年、2006 年和 2007 年春小麦全生育期不同耕作模式 0～100cm 平均土壤体积含水量

性耕作处理的土壤含水量分别高6.4%、8.2%和5.3%，免耕覆盖处理分别高2.0%、2.9%和2.1%。

同时，土壤含水量变化趋势结果还表明，在固定道保护性耕作条件下，在春小麦整个生育期内，不论是灌溉还是降雨时，垄边由于更利于吸收固定道垄沟内汇集的水分，因而在多数生长阶段的土壤含水量要高于垄中，但在抽穗至成熟期，垄边由于蒸散量增加，相对垄中土壤含水量优势已不明显。

⑤ 不同耕作体系土壤水分利用效率和耗水系数

a. 水分利用效率和耗水系数的计算

作物蒸发蒸腾量采用土壤水分平衡公式计算，方程如下：

$$ET = W_b - W_e + P + I + G_S + S_S - G_r - S_r - R \tag{4-3}$$

式中：ET 为时段内作物蒸发蒸腾量；W_b 为时段开始时根区中的土壤储水量；W_e 为时段结束时根区中的土壤储水量；P 为时段内的总降水量；I 为时段内灌水总量；G_S 为时段内地下水对作物耗水的补给量；S_S 为时段内侧向补给量；G_r 为时段内区域深层渗漏量；S_r 为时段内侧向渗漏量；R 为时段内测定区域的地面径流量。

张掖试验区地下水平均埋深110 m，所以忽略地下水对作物耗水的补给量 G_s；100～130cm 深度处平均土壤容重为1.58g/cm^3，试验灌水时深层渗漏 G_r 较小，可以忽略；每次灌溉时较为同步，故假定侧向渗漏 S_r 和补给量 S_s 互为平衡；试验地都较为平整，且2005年、2006年和2007年3年张掖春小麦整个生育期内最大连续降雨量为13mm，地表径流 R 相对较小，可以忽略。于是作物蒸发蒸腾量方程可以简写如下：

$$ET = W_b - W_e + P + I \tag{4-4}$$

土壤蓄水量的减少量由下式求得：

$$W_b - W_e = \sum_{i=1}^{n} (W_{bi} - W_{ei}) \tag{4-5}$$

式中：i 为土壤层次号数，n 为土壤层次总数目。试验时测定的土壤含水率为每10cm层次的体积含水率，测定深度分别为120cm，因此 $n=12$。

水分利用效率用式4-6计算：

$$WUE = Y/ET \tag{4-6}$$

式中：WUE 为水分利用效率；Y 为经济产量；ET 为作物蒸发蒸腾量。

耗水系数用式4-7计算：

$$K = ET/Y \tag{4-7}$$

式中：K 为耗水系数；Y 为经济产量；ET 为作物蒸发蒸腾量。

b. 水分利用效率和耗水系数

表 4-6 不同处理春小麦水分利用效率和耗水系数（2005～2007 年）

年份		P (mm)	I (mm)	$\triangle W$ (mm)	ET (mm)	Y (kg/hm)	WUE [kg/(hm² · mm)]	K (mm/kg)
2005	TT	95	402.8	40.5	538.3	5 621[a]	10.4[a]	0.096
	ZT	95	373.2	54.7	522.9	5 420[a]	10.4[a]	0.096
	PRB	95	310.8	56.4	462.2	5 576[a]	12.1[b]	0.083
2006	TT	73	388.6	36.5	498.1	5 981[a]	12.0[a]	0.083
	ZT	73	342.0	58.4	473.4	6 128[ab]	12.9[a]	0.077
	PRB	73	279.6	53.4	406.0	6 314[b]	15.6[b]	0.064
2007	TT	84	376.8	43.2	504	6 154[a]	12.2[a]	0.082
	ZT	84	356.8	52.6	493.4	6 354[a]	12.9[a]	0.078
	PRB	84	305.8	55.6	445.4	6 297[a]	14.1[b]	0.071

注：表中同一列内右上角标有相同的字母表示不同的处理之间不存在显著的差异（$P=0.05$）。

表 4-6 是 2005 年、2006 年和 2007 年张掖试验区春小麦收获后，不同耕作处理的水分利用效率情况。从表中可以看出，不同耕作体系水分利用效率的大小顺序是：固定道保护性耕作（PRB）＞免耕覆盖（ZT）≥传统耕作（TT）。固定道保护性耕作采用固定道沟灌，减少了灌溉时水分蒸发的面积和无效蒸发，同时通过高留茬、秸秆覆盖和消除对作物生长区域的土壤压实，促进了作物根系的生长，增强了土壤的通透性能，因而相应地提高了水分的利用效率，其中 2005 年分别比传统耕作和免耕覆盖显著地提高 15.5% 和 16.4%，2006 年和 2007 年分别显著地提高 29.5%、20.1% 和 15.6%、9.3%（$P=0.05$）。传统耕作处理水分利用效率最低，说明传统大水漫灌和铧式犁翻耕的无效耗水量最大，水资源浪费严重。

我国西北灌溉区农业生产由于不可持续的灌溉方式，造成了严重的生态环境问题。目前西北地区农业水资源利用粗放、浪费严重，普遍采用的传统大水漫灌的农业生产方式，不但加剧了水资源的供需矛盾，而且超量灌溉还带来了土地次生盐碱化，地下水下降，土地荒漠化等环境问题。

水资源是制约西北干旱地区生态环境变化的关键因素，大力发展低成本的灌溉节水技术，提高农业灌溉水资源利用系数，是解决我国西北干旱地区流域经济发展和生态环境问题的重要途径之一。在西北干旱地区采用固定道保护性耕作的生产方式取代传统的生产方式，不仅可以节约灌溉用水，增加农民收入，促进当地农业经济的发展，而且对于改善当地的生态环境有着重要的意义。据资料显示，近50年来，我国西北地区各内陆流域人工绿洲发展迅速，目前灌溉耕地面积约为$377.59\times10^4hm^2$，根据本章不同耕作体系灌溉量分析可知，如果改变传统的耕作方式为固定道保护性耕作，采用低成本的沟灌取代大水漫灌，则每公顷耕地每年可节约灌溉用水约1 000m^3，整个西北灌溉农业区每年就可节约37亿m^3多农业灌溉用水，这相当于我国西北地区黑河流域年均地表径流的总量（36.83亿m^3），或是石羊河流域（15.87亿m^3）和疏勒河流域（17.22亿m^3）年均地表径流量总量之和。如果按1m^3农业灌溉用水0.12元计算，每年可节省人民币约4.4亿元。

固定道保护性耕作的实施在节约灌溉用水的同时，通过减少农业生产的灌溉用水量，提高农业灌溉用水的利用效率，实现水资源可持续高效利用，可有效地消除对地下水和地表水的过度利用，使当地地下水位、人工水库和内陆河流域的水量逐渐恢复，进而从根本上消除日趋严重的土地沙漠化和盐渍化，保护耕地面积和当地农业的稳定和发展，从而使得整个西北地区的生态环境得以恢复和改善。

二、土壤特性

1. 土壤容重

土壤容重是评价土壤结构和保水能力高低的重要标志之一。土壤容重越高，孔隙度越小，土壤有机质含量也越少，越不利于作物的生长和产量的提高。

试验开始一年（2005年）和3年后（2007年）测得传统耕作、免耕覆盖和固定道保护性耕作在0～30cm深度范围内的土壤容重如表4－7和表4－8所示。其中固定道保护性耕作处理的土壤容重为垄中和垄边土壤容重平均值。试验时，由于不同耕作方式对土壤容重的影响主要集中在土壤上层，因此只测定了0～30cm深度的土壤容重。

表4－7是试验开始一年后（2005年）不同耕作体系0～30cm深度土壤容重情况。方差分析表明（$P=0.05$）：在地表以下0～30cm深度范围内，不同耕作处理对土壤容重影响不显著。在试验开始一年后，固定道保护性耕作减少土壤容重的优势还不明显，相对传统耕作和免耕覆盖处理只在20～

30cm 深度范围内分别减少了 2.2% 和 0.7% 的土壤容重；而在 0～10cm 和 10～20cm 深度范围内，3 种耕作处理的土壤容重值相差不大。

表 4－8 是试验开始 3 年后（2007 年）不同耕作方式 0～30cm 深度范围内土壤容重情况。随着试验的进行，固定道保护性耕作处理的土壤容重在 0～20cm 深度范围内相对较小，但在 20～30cm 深度范围内土壤容重略大于其他处理。

传统耕作、免耕覆盖、固定道保护性耕作在 0～10cm 和 10～20cm 的平均土壤容重分别为 1.22g/cm^3、1.27g/cm^3、1.14g/cm^3 和 1.32g/cm^3、1.34g/cm^3 和 1.30g/cm^3，固定道保护性耕作分别比传统耕作、免耕覆盖低 4.0%、7.9% 和 1.5% 和 3.0%。其中在 0～10cm 深度范围内，固定道保护性耕作试验地土壤容重显著地低于免耕覆盖（$P=0.05$）。在 20～30cm 土壤深度，不同耕作处理土壤容重值相差不大。

土壤容重数据分析结果表明：在试验进行 3 年后，固定道保护性耕作处理由于消除了机具和人工作业对作物生长区域的压实，因而有效地降低了垄床表层（0～10cm）的土壤容重；免耕覆盖处理采用高留茬和秸秆覆盖等措施，虽然能增加土壤中微生物含量从而降低土壤容重，但短时间内通过微生物活动降低土壤容重的效果还不明显，而 3 年的不动土作业和机具、人工作业对土壤的压实等造成的土壤容重增大趋势一直比较明显，因而在 0～30cm 深度范围内，免耕覆盖的土壤容重值最大。

表 4－7　不同耕作方式对 0～30cm 深度土壤容重的影响（测定时间：2005－7－30）

（g/cm^3）

土层深度		传统耕作	免耕覆盖	固定道保护性耕作
0～10cm	Mean	1.26	1.22	1.28
	Std. Deviation	0.066 3	0.052	0.078
	Std. Error	0.020 98	0.016 41	0.024 67
10～20cm	Mean	1.28	1.31	1.30
	Std. Deviation	0.072 9	0.065 3	0.082 4
	Std. Error	0.023 06	0.020 66	0.026 04
20～30cm	Mean	1.36	1.34	1.33
	Std. Deviation	0.078 6	0.099 5	0.096 4
	Std. Error	0.024 87	0.031 46	0.030 47

表 4-8　张掖试验区不同耕作方式对 0~30cm 深度土壤容重的影响（测定时间：2007-8-1）　(g/cm^3)

土层深度		传统耕作	免耕覆盖	固定道保护性耕作
0~10cm	Mean	1.22	1.27	1.14
	Std. Deviation	0.016 6	0.033 2	0.021 2
	Std. Error	0.012 45	0.018 24	0.016 54
10~20cm	Mean	1.32	1.34	1.30
	Std. Deviation	0.069 3	0.081 2	0.063 5
	Std. Error	0.018 63	0.029 06	0.021 25
20~30cm	Mean	1.35	1.37	1.36
	Std. Deviation	0.103 2	0.114 3	0.113 3
	Std. Error	0.032 3	0.036 23	0.021 40

2. 土壤坚实度

2007 年春小麦收获后测得传统耕作（TT）、免耕覆盖（ZT）和固定道保护性耕作（PRB）在 0~40cm 深度范围内的土壤坚实度如图 4-20 所示。其中固定道保护性耕作的土壤坚实度为垄中和垄边土壤坚实度平均值。

由图 4-20 不同耕作体系土壤坚实度情况可知：不同耕作体系的土壤坚实度基本随着土壤深度的增加逐渐增大。同时，在试验进行 3 年后，免耕覆盖和传统耕作试验地在 0~40cm 深度范围内的土壤坚实度差别不大，但固定道保护性耕作 0~30cm 深度的土壤坚实度显著地小于免耕覆盖和传统耕作，而在 30~40cm 深度范围内差异较小。

传统耕作、免耕覆盖和固定道保护性耕作在 0~30cm 的平均土壤坚实度分别为 1 996kPa、2 053kPa和 1 551kPa，固定道保护性耕作分别比传统耕作和免耕覆盖低 22.3% 和 24.5%。其中在 10cm 土层附近，不同耕作体系试验地土壤坚实度的差别达到最大，固定道保护性耕作的土壤坚实度分别比传统耕作和免耕覆盖低 31.2% 和 41.9%。

传统耕作、免耕覆盖和固定道保护性耕作在 30~40cm 的平均土壤坚实度分别为 3 410kPa、3 486kPa和 3 201kPa，3 种不同耕作体系土壤坚实度之间的差别不大。

综合上述分析可知，土壤坚实度数据分析结果与土壤容重比较相似，在 0~40cm 深度土壤范围内，固定道保护性耕作试验地的土壤坚实度值最小，最有利于作物生长，传统耕作次之，免耕覆盖试验地土壤坚实度值最大。

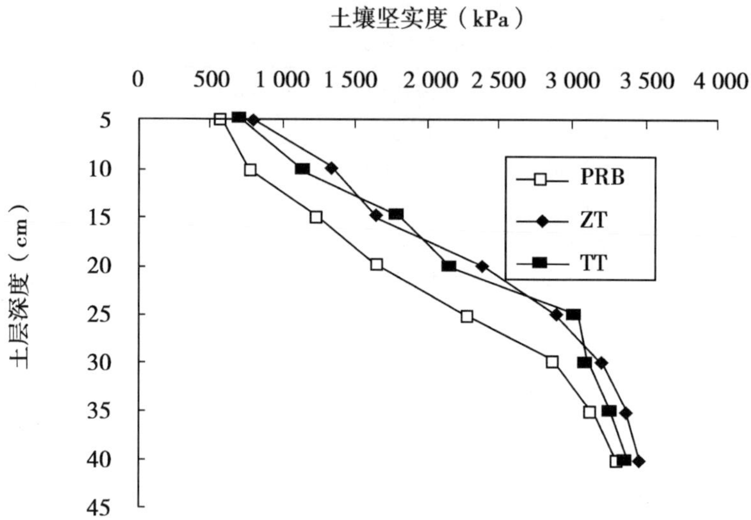

图 4－20　2007 年春小麦收获后不同耕作体系土壤坚实度情况

3. 土壤地温

土壤地温是太阳辐射平衡、土壤热量平衡和土壤热学性质共同作用的结果。土壤地温影响作物的生长发育和微生物的活动，进而影响到作物的产量。过高的土壤地温会加速根的老化，过低的地温也不利于作物根系的生长，易发生病虫害。不同耕作体系由于耕作中的动土量和植被覆盖等因素的影响，因而土壤地温变化各不相同。

表 4－9 是试验开始的两年（2005 年、2006 年）4 月、5 月、6 月传统耕作、免耕覆盖和固定道保护性耕作处理在地表以下 5cm、15cm 和 25cm 深度处的土壤地温，表中数据为每月中旬连续 10 天土壤日平均地温的平均值。

2005 年和 2006 年从 4 月到 6 月，不同耕作方式在地表以下 5cm、15cm 和 25cm 深度处的地温随着外界温度的升高而升高，随着地表深度的增加而降低，且不同处理之间存在着较大差异。固定道保护性耕作由于采用垄床种植，改变了田间的微地形，相对平作种植增大了对太阳能的吸收面积。同时，作物生长区域土壤结构得到较大改善，土壤更易于蓄热，且增强了土壤的通透性，因而固定道保护性耕作有利于土壤地温的提高，且效果在浅层土壤（5cm、15cm）比较明显。免耕覆盖处理采用秸秆覆盖，在一定程度上延缓了地温的回升，其在试验前期土壤地温低于传统耕作，但随着免耕、高留茬和秸秆覆盖等措施对土壤结构改善效果的增强，在试验后期，免耕覆盖处理在5cm、15cm和25cm深度土壤地温略高于传统耕作处理。传统耕作、免耕覆盖和固定道保护性耕作春小麦整个生长期不同土层深度地温情况具体分析如下：

表4－9　春小麦生长过程中不同耕作体系土壤地温情况　（℃）

月份	深度	2005年			2006年		
		传统耕作	免耕覆盖	固定道保护性耕作	传统耕作	免耕覆盖	固定道保护性耕作
4月	5cm	15.12	15.23	15.46	16.45	16.21	16.65
	15cm	13.55	13.34	13.45	14.42	14.30	14.64
	25cm	12.9	12.90	13.0	13.42	13.4	13.32
5月	5cm	17.64	17.49	18.09	18.02	18.68	17.83
	15cm	16.34	16.23	16.68	15.68	15.39	16.78
	25cm	15.57	15.40	14.88	15.17	15.01	15.06
6月	5cm	19.98	20.53	19.76	19.48	21.34	21.60
	15cm	19.12	18.87	18.96	17.69	18.04	18.78
	25cm	17.88	17.77	17.94	17.29	17.69	17.97

2005年4月，相对传统耕作，固定道保护性耕作在5cm和25cm深度的土壤地温约分别高0.3℃和0.1℃，在15cm深度的土壤地温低0.1℃；相对免耕覆盖，固定道保护性耕作在5cm、15cm和25cm深度的土壤地温分别高0.2℃、0.1℃和0.1℃。

5月，相对传统耕作，固定道保护性耕作在5cm和15cm深度的土壤地温约分别提高0.5℃和0.6℃；相对免耕覆盖则分别提高0.3℃和0.5℃。

6月，相对传统耕作，固定道保护性耕作在25cm深度的土壤地温约提高0.1℃，在5cm和15cm深度约分别降低0.2℃和0.1℃；相对免耕覆盖在15cm和25cm深度的土壤地温约分别高0.1℃和0.2℃，在5cm深度低0.8℃。

2006年4月，相对传统耕作，固定道保护性耕作在5cm和15cm深度的土壤地温约分别高0.2℃和0.2℃，在25cm深度低0.1℃；相对免耕覆盖，固定道保护性耕作在5cm和15cm深度的土壤地温约分别高0.4℃和0.3℃，在25cm深度低0.1℃。

5月，相对传统耕作，固定道保护性耕作在15cm深度的土壤地温约高1.1℃，在5cm和25cm深度分别低0.2℃和0.1℃；相对免耕覆盖，在15cm深度约提高了1.4℃。

6月，相对传统耕作，固定道保护性耕作在5cm、15cm和25cm深度的土壤地温约分别提高了2.1℃、1.1℃和0.7℃；相对免耕覆盖，则分别提高了0.3℃、0.7℃和0.3℃。

低温灾害是我国西北灌溉农业区农作物生长的主要不利因素之一，地温的高低对于作物生长的影响较为显著，表4-9土壤地温试验结果表明，固定道保护性耕作可提高土壤表层地温，这对春小麦的出苗、生长和高产都具有非常重要的意义。

4. 土壤化学属性

传统耕作由于过度耕作对土壤产生一系列的扰动，随之产生了土壤养分的流失，土壤侵蚀，土壤生物多样性降低等问题，引起植物残留物和土壤有机质的重新分布，随之改变土壤的化学属性。

2007年春小麦收获后测得不同耕作系统试验地0~10cm土层土壤有机质、全氮和全磷情况如表4-10所示。

表4-10 不同耕作系统试验地0~10cm深度土层土壤有机质（%）、全氮和全磷（g/kg）含量

处理	有机质	全氮	全磷
传统耕作	1.060[a]	0.572[a]	0.667[a]
免耕覆盖	0.968[a]	0.668[a]	0.701[a]
固定道保护性耕作	0.998[a]	0.626[a]	0.695[a]

注：表中同一列内右上角标有相同的字母表示不同的处理之间不存在显著的差异（$P=0.05$）。

由于试验时间只有3年，而影响土壤有机质、全氮和全磷的因素比较复杂，所以不同耕作系统对土壤化学属性的影响很难确定。

土壤有机质的分解和积累是鉴别土壤肥力的重要标志。土壤有机质含量高不仅表明土壤营养元素含量丰富且为土壤微生物生命活动提供能源。因此，在调节土壤理化、生物性质和土壤肥力等方面都具有重要作用。在短时间内，翻耕作业把作物根茬翻压入土壤中，土壤中微生物的作用加速了秸秆的分解。因此，在3年后传统耕作的土壤有机质含量相对最高，为

1.060%。免耕覆盖和固定道保护性耕作试验地 0～10cm 土壤有机质略低于传统耕作。

固定道保护性耕作试验地 0～10cm 深度土层的全氮和全磷含量分别为 0.626g/kg 和 0.695g/kg，其中全氮含量比传统耕作高 9.4%，比免耕覆盖低 6.2%；全磷含量比传统耕作高 4.2%，比免耕覆盖低 0.8%。

综合上述分析可知，短期（3 年）内不同耕作方式试验地 0～10cm 深度土层土壤有机质、全氮和全磷含量不存在显著差异（$P=0.05$）。

三、作物生长及产量

1. 春小麦出苗数

表 4－11 是 2005 年、2006 年和 2007 年春小麦出苗期传统耕作、免耕覆盖和固定道保护性耕作处理春小麦出苗情况。

表 4－11　不同耕作体系春小麦出苗数（2005～2007 年）　（株/m^2）

年份	传统耕作	免耕覆盖	固定道保护性耕作
2005	734[a]	760[a]	642[b]
2006	625[ab]	644[a]	586[b]
2007	721[a]	743[a]	635[b]

注：表中同一行内右上角标有相同的字母表示不同的处理之间不存在显著的差异（$P=0.05$）。

表中固定道保护性耕作处理中的面积是指试验地实际面积，包括垄沟和垄床的面积。

固定道保护性耕作由于垄沟不种植作物，作物只种植在垄床上，实际土地利用率只有 70% 左右，因而 2005 年出苗期相对传统耕作和免耕覆盖处理分别减少了 12.5% 和 15.5% 的出苗数，2006 年分别减少了 6.2% 和 9.0%，2007 年分别减少了 11.9% 和 14.5%。免耕覆盖采用秸秆覆盖，更有利于保持土壤水分，2005 年、2006 年和 2007 年相对传统耕作分别提高了 3.5%、3.0% 和 3.1% 的出苗数。

2. 春小麦叶面积

叶面积系数是描述作物群体状况的一个非常重要的指标。系数过高影响作物通风透光，过低不能充分利用日光，2005 年、2006 年和 2007 年春小麦出苗期、拔节期和抽穗期测得传统耕作、免耕覆盖和固定道保护性耕作处理春小麦叶面积系数如表 4 – 12 所示。

表 4 – 12　不同耕作体系春小麦叶面积（2005 ~ 2007 年）　（m^2/株）

春小麦生长期	2005 年			2006 年			2007 年		
	TT	ZT	PRB	TT	ZT	PRB	TT	ZT	PRB
出苗期	23.1[a]	23.9[a]	25.6[b]	21.1[a]	20.8[a]	20.9[a]	22.5[a]	25.2[b]	25.1[b]
拔节期	33.4[a]	34.0[a]	31.8[b]	27.4[a]	29.2[b]	30.8[c]	29.3[a]	29.7[a]	32.1[b]
抽穗期	55.8[a]	56.5[a]	56.6[a]	65.3[a]	70.63[b]	76.33[c]	59.6[a]	63.5[b]	65.8[b]

注：表中同一年，同一行内右上角标有相同的字母表示不同的处理之间不存在显著的差异（$P=0.05$）。

由表 4 – 12 不同耕作体系春小麦植株叶面积可知，2005 年，除拔节期外，固定道保护性耕作出苗期和抽穗期春小麦植株叶面积分别比传统耕作高 10.8% 和 1.4%，且在出苗期二者植株叶面积的差异比较明显。免耕覆盖在出苗期、拔节期和抽穗期分别比传统耕作高 3.5%、1.8% 和 1.3%，但二者之间的差异不显著。

2006 年，固定道保护性耕作拔节期和抽穗期春小麦植株叶面积分别比传统耕作显著地高 12.4% 和 16.9%。免耕覆盖除出苗期外，拔节期和抽穗期春小麦植株叶面积分别比传统耕作显著地高 6.6% 和 8.2%。

2007 年，固定道保护性耕作和免耕覆盖处理在整个生长期的叶面积都高于传统耕作，平均分别提高了 10.4% 和 6.3%。

试验结果表明，固定道保护性耕作处理春小麦叶片生长相对最好，并且适宜的叶面积指数更加有利于春小麦的蒸腾作用和光合作用，从而能有效地提高春小麦的干物质和产量。

3. 春小麦株高

2005 年、2006 年和 2007 年春小麦抽穗期测得传统耕作、免耕覆盖和固定道保护性耕作处理春小麦株高如表 4 – 13 所示。

由表 4 – 13 可知，2005 年抽穗期，固定道保护性耕作和免耕覆盖春小麦株高分别比传统耕作低 3.3% 和 1.1%，但根据 LSD 数据分析结果可知，3 种不同处理春小麦株高之间的差异不显著。

2006 年抽穗期，固定道保护性耕作和免耕覆盖春小麦株高分别比传统耕作显著地高 10.9% 和 8.4%。

2007 年抽穗期，固定道保护性耕作和免耕覆盖春小麦株高都高于传统耕作，但只有固定道保护性耕作显著地提高了5.9%。

表4-13　不同耕作体系春小麦抽穗期株高情况（2005~2007年）　（cm）

年份	传统耕作	免耕覆盖	固定道保护性耕作
2005	75.1[a]	72.6[a]	74.3[a]
2006	63.4[a]	70.3[b]	68.7[b]
2007	65.6[a]	67.1[a]	69.5[b]

注：表中同一行内右上角标有相同的字母表示不同的处理之间不存在显著的差异（$P=0.05$）。

4. 春小麦植株干重

2005年和2006年春小麦出苗期、拔节期和抽穗期测得传统耕作、免耕覆盖和固定道保护性耕作处理春小麦植株干重如表4-14所示。

表4-14　不同耕作体系春小麦植株干重情况（2005~2007年）　（g/10株）

春小麦生长期	2005年			2006年			2007年		
	TT	ZT	PRB	TT	ZT	PRB	TT	ZT	PRB
出苗期	0.35[a]	0.34[a]	0.31[a]	0.29[a]	0.31[a]	0.34[a]	0.45[a]	0.54[a]	0.50[a]
拔节期	0.35[a]	0.38[a]	0.46[b]	0.36[a]	0.34[a]	0.38[a]	0.58[a]	0.62[a]	0.66[a]
抽穗期	34.13[a]	36.45[b]	36.72[b]	28.43[a]	29.76[ab]	31.57[b]	36.23[a]	40.65[b]	41.26[b]

注：表中同一年，同一行内右上角标有相同的字母表示不同的处理之间不存在显著的差异（$P=0.05$）。

2005年，固定道保护性耕作出苗期春小麦植株干重比传统耕作低11.4%，拔节期和抽穗期则分别比传统耕作高31.4%和7.6%，且二者之间的差异显著（$P=0.05$）。免耕覆盖出苗期春小麦植株干重比传统耕作低2.9%，拔节期和抽穗期分别比传统耕作高8.6%和6.8%，且拔节期显著地高于传统耕作。

2006年，固定道保护性耕作出苗期、拔节期和抽穗期春小麦植株干重分别比传统耕作高17.2%、5.6%和11.0%，且在抽穗期二者之间的差异显著。免耕覆盖除拔节期外，出苗期和抽穗期分别比传统耕作高6.9%和4.7%。

2007年，固定道保护性耕作和免耕覆盖在出苗期、拔节期和抽穗期春小麦植株干重都高于传统耕作，且在抽穗期不同处理之间的差异显著。

5. 春小麦根系

根系的形态和空间分布是影响作物吸收水分和养分的重要因素，其发育的优劣，直接影响到地上部分发育、植株的健壮以及抗旱能力的强弱。2005 ~2007 年测得张掖试验区传统耕作、免耕覆盖和固定道保护性耕作处理春小麦拔节期、抽穗期根系干重如表 4 – 15 所示。

表 4 –15　不同耕作体系春小麦根系干重情况（2005 ~2007 年）　（g/10 株）

春小麦生长期	2005 年			2006 年			2007 年		
	TT	ZT	PRB	TT	ZT	PRB	TT	ZT	PRB
拔节期	1. 15[a]	1. 20[a]	1. 08[a]	1. 00[a]	0. 97[a]	1. 05[a]	1. 25[a]	1. 31[a]	1. 24[a]
抽穗期	8. 12[a]	7. 94[a]	7. 87[a]	9. 12[a]	9. 86[a]	10. 12[a]	9. 80[a]	10. 40[a]	10. 32[a]

注：表中同一年，同一行内右上角标有相同的字母表示不同的处理之间不存在显著的差异（$P=0.05$）。

根据表 4 – 15 可知，2005 年拔节期，固定道保护性耕作的根系干重分别比传统耕作和免耕覆盖低 6% 和 10%；抽穗期，固定道保护性耕作的根系干重分别比传统耕作和免耕覆盖低 3. 1% 和 0. 9%，但不同耕作方式春小麦根系干重差异不显著（$P=0.05$）。

2006 年拔节期，固定道保护性耕作的根系干重略高于免耕覆盖和传统耕作；抽穗期，固定道保护性耕作的根系干重分别比传统耕作和免耕覆盖高 11% 和 2. 6%，但相互之间差异不显著（$P=0.05$）。

2007 年拔节期，固定道保护性耕作的根系干重与免耕覆盖和传统耕作相差不大；抽穗期，固定道保护性耕作的根系干重相对传统耕作提高了 5. 3%。

6. 春小麦抗倒伏性能

春小麦倒伏是制约春小麦高产和优质的主要因素之一。河西走廊地区春小麦产量较高，尤其是近年来对春小麦高产、超高产的研究，使群体数量提高到了一个新的水平，但同时也带来了茎秆负荷力与倒伏的问题。小麦倒伏可分为根倒伏和茎倒伏两种类型，而茎倒伏最为普遍，是造成小麦减产的主要原因。茎倒伏是茎基部机械组织不发达或由于第 1、第 2 节间伸长变细，壁厚减少，难以负荷地上部植株重量，使其茎秆弯曲或折断而发生倒伏。植株倒伏决定于茎秆质量的好坏。由于倒伏多发生在茎秆基部第 1、第 2 节间，所以基部节间与倒伏有着密切的联系。

2006 年春小麦成熟期测得不同处理茎秆第 1、第 2 节间长度，株高以及基部节间长度与株高的比值如图 4 -21 所示：

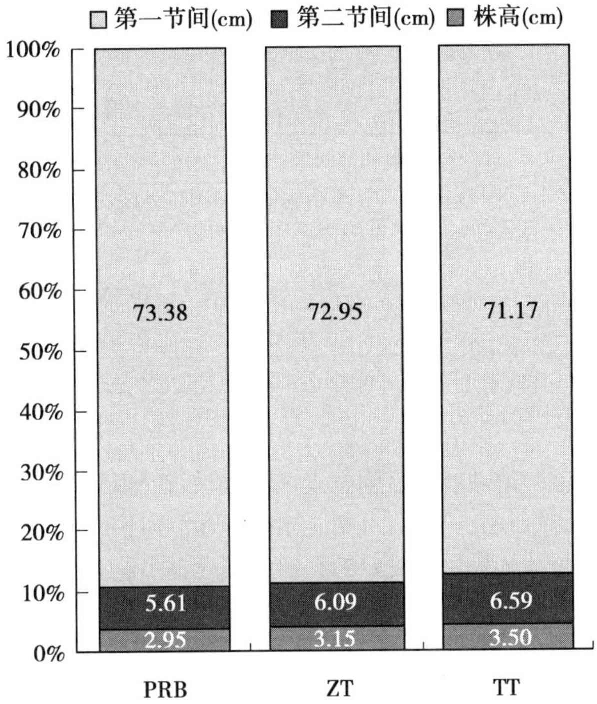

图 4 -21　春小麦茎杆节间长度及株高

固定道保护性耕作（PRB）第 1、第 2 节间长度和株高分别为 2.95cm、5.61cm 和 73.38cm，基部节间长度（第 1、第 2 节间长度之和）占株高的比值为 11.7%。

免耕覆盖（ZT）第 1、第 2 节间长度和株高分别为 3.15cm、6.09cm 和 72.95cm，基部节间长度（第 1、第 2 节间长度之和）占株高的比值为 12.7%。

传统耕作（TT）第 1、第 2 节间长度和株高分别为 3.50cm、6.59cm 和 71.17cm，基部节间长度（第 1、第 2 节间长度之和）占株高的比值为 14.2%。

可见，固定道保护性耕作能减少基部节间长度及其占株高的比值，免耕覆盖次之，传统耕作基部节间长度及其占株高的比值最大，不利于春小麦抗倒伏性能的提高。

2006 年春小麦成熟期测得不同处理茎秆节间粗度情况如表 4 -16 所示，由表中数据可以看出，不同处理第 1、第 2 节间的外径和壁厚差异显著（$P=0.05$）。固定道保护性耕作和免耕覆盖的第 1 节间外径分别比传统耕作显著地高 22.4% 和 19.2%，第 1 节间壁厚分别显著地高 28.8% 和 34.6%。固定道保护性耕作和免耕覆盖的第 2 节间外径分别比传统耕作显著地高 14.2% 和 11.9%，第 2 节间壁厚分别高 7.7% 和 1.9%。

表 4-16　春小麦基部节间的外径与壁厚分析　（2006 年）

耕作方式	第一节间		第二节间	
	外径	壁厚	外径	壁厚
传统耕作	0.214[a]	0.052[a]	0.268[a]	0.052[a]
免耕覆盖	0.255[b]	0.070[b]	0.300[b]	0.053[a]
固定道保护性耕作	0.262[b]	0.067[b]	0.306[b]	0.056[a]

注：表中同一列内右上角标有相同的字母表示不同的处理之间不存在显著的差异（$P=0.05$）。

综合上述不同处理茎秆节间长度和粗度情况分析可知，相对传统耕作，固定道保护性耕作和免耕覆盖有利于减少基部节间长度，增大节间外径和壁厚，因而茎秆粗壮，根系发达，能有效地提高春小麦的抗倒伏性能，从而相应地提高春小麦产量。其中固定道保护性耕作处理春小麦抗倒伏的能力最强。2006 年收获时不同处理春小麦倒伏情况如图 4-22 所示，其中，传统耕作出现了较大面积的倒伏，免耕覆盖小面积略有倒伏，固定道保护性耕作未出现倒伏情况。

传统耕作　　免耕覆盖　　固定垄保护性耕作

图 4-22　2006 年收获时春小麦倒伏情况

7. 春小麦产量

表 4-17 是不同耕作方式 2005～2007 年春小麦产量情况。试验第一年，传统耕作、免耕覆盖和固定道保护性耕作春小麦的产量分别为 5 621kg/hm^2、5 420kg/hm^2 和 5 576kg/hm^2，固定道保护性耕作和免耕覆盖处理春小麦产量分别比传统耕作低 0.8% 和 3.6%。同时，固定道保护性耕作除结实小穗数

和千粒重外，其他各项产量指标都略小于传统耕作；免耕覆盖除穗长外，其他各项产量指标也都略小于传统耕作。

在2006年，传统耕作、免耕覆盖和固定道保护性耕作春小麦的产量分别为5 981kg/hm^2、6 128kg/hm^{2}和6 314kg/hm^2，2007年分别为6 154kg/hm^2、6 354kg/hm^{2}和6 297kg/hm^2，随着试验的进行，相对传统耕作，固定道保护性耕作在降低土壤容重，提高土壤含水量、地温，充分发挥垄作种植的边际效应和抗倒伏方面的能力逐渐明显，春小麦生长加快，各项植株性状指标大都高于传统耕作，因而增加的作物产量高于由于相对较低的土地利用效率而造成的产量损失。相对传统耕作，2006年固定道保护性耕作提高了9.0%的穗长、7.7%的结实小穗数、14.3%的穗粒数、18.2%的千粒重和5.6%的春小麦产量，并且与传统耕作之间的产量差异明显（$P=0.05$），2007年提高了2.3%的穗长、10.6%的千粒重和2.3%的春小麦产量。免耕覆盖2006年和2007年的平均产量基本和固定道保护性耕作持平。

表4－17　不同耕作体系春小麦产量情况

2005年：

耕作方式	穗长（cm）	结实小穗数	穗粒数	千粒重（g）	产量（kg/hm^2）
传统耕作	8.25^a	13^a	32^a	39.51^a	5 621^a
免耕覆盖	8.33^a	12^a	29^{ab}	39.05^a	5 420^a
固定道保护性耕作	8.20^a	13^a	31^b	40.10^a	5 576^a

2006年：

耕作方式	穗长（cm）	结实小穗数	穗粒数	千粒重（g）	产量（kg/hm^2）
传统耕作	8.13^a	13^a	35^a	40.68^a	5 981^a
免耕覆盖	8.50^{ab}	13^a	37^{ab}	41.75^a	6 128^{ab}
固定道保护性耕作	8.86^b	14^a	40^b	48.10^b	6 314^b

2007年：

耕作方式	穗长（cm）	结实小穗数	穗粒数	千粒重（g）	产量（kg/hm^2）
传统耕作	8.6^a	14^a	38^a	38.7^a	6 154^a
免耕覆盖	8.9^a	15^a	36^a	43.2^b	6 354^a
固定道保护性耕作	8.8^a	14^a	38^a	42.8^b	6 297^a

注：表中同一列内右上角标有相同的字母表示不同的处理之间不存在显著的差异（$P=0.05$）。

第四节 固定道保护性耕作的经济效益

一、生产成本分析

1. 机械作业成本分析

河西走廊地区作为我国西北地区的主要粮食产区，由于受降雨、光照、有效积温等自然条件的限制，一年只能种植一季春小麦或春玉米，因而作物高产对于当地的农业生产有着非常重要的意义。当地春小麦都是在 3 月份中下旬土壤化冻后开始播种，由于土壤在化冻以后，土壤水分向上运动而涌出地面，因而造成土壤水分蒸发量增大，土壤含水量逐渐降低。为了保证春小麦苗期生长能够获得足够的水分，从而提高产量，春小麦必须在土地化冻后且土壤水分含水量比较高的时候完成播种作业，播种时间相对较短，因此采用机械作业，争取农时，对于保证当地农业的高产非常重要。

试验区不同耕作方式作业工序如下：

传统耕作：人工撒肥—机械翻耕、耙地、平地—播种春小麦—喷洒除草剂—大水漫灌（第一次）—大水漫灌（第二次）—大水漫灌（第三次）—联合收割机收获—人工移除秸秆—机具翻耕—灌冻水。

免耕覆盖：春小麦免耕播种—喷洒除草剂—大水漫灌（第一次）—大水漫灌（第二次）—大水漫灌（第三次）—联合收割机收获（高留茬、秸秆覆盖）—灌冻水。

固定道保护性耕作（第一年）：起修垄机起垄—春小麦免耕施肥、播种—喷洒除草剂—固定道沟灌（第一次）—固定道沟灌（第二次）—固定道沟灌（第三次）—联合收割机收获（高留茬、秸秆覆盖）—灌冻水。

固定道保护性耕作（第二年、第三年）：春小麦免耕施肥、播种、修垄—喷洒除草剂—固定道沟灌（第一次）—固定道沟灌（第二次）—固定道沟灌（第三次）—联合收割机收获（高留茬、秸秆覆盖）—灌冻水。

传统耕作处理的机械作业主要包括：机械翻耕作业 2 次（共 750 元/hm^2），耙地、平地作业 1 次（共 150 元/hm^2），播种作业 1 次（共 375 元/hm^2），联合收割机收获作业 1 次（共 450 元/hm^2），共计 1 725 元/hm^2。

免耕覆盖处理的机械作业主要包括：免耕播种作业 1 次（共 375 元/hm^2），联合收割机收获作业 1 次（共 450 元/hm^2），共计 825 元/hm^2。

第 1 年固定道保护性耕作处理的机械作业主要包括：起垄 1 次（共 300

元/hm²），免耕播种作业 1 次（共 375 元/hm²），联合收割机收获作业 1 次（共 450 元/hm²），共计 1 125 元/hm²。第 2、第 3 年每年固定道保护性耕作处理的机械作业主要包括：免耕播种作业 1 次（共 375 元/hm²），联合收割机收获作业 1 次（共 450 元/hm²），共计 825 元/hm²。这样固定道保护性耕作 3 年平均机械作业成本为 925 元/hm²。

免耕覆盖比传统耕作减少 3 次机械作业，固定道保护性耕作第 1 年比传统耕作减少 2 次机械作业，第 2、第 3 年比传统耕作减少 3 次机械作业。在机械作业成本上，传统耕作 3 年平均机械作业成本分别比免耕覆盖和固定道保护性耕作高 900 元/hm² 和 800 元/hm²。

2. 非机械作业成本分析

非机械作业成本主要包括人力、种子、化肥、除草剂和灌溉用水等，分别对传统耕作、免耕覆盖和固定道保护性耕作的非机械作业成本分析如下：

传统耕作：

春小麦：品种为陇辐 2 号，播种量为 450kg/hm²，种子单价为 2.6 元/kg，种子投入为 1 170 元/hm²。

肥料：施肥量为尿素 300kg/hm²，磷酸二铵 375kg/hm²，两种肥料的单价分别为 1.60 元/kg 和 2.60 元/kg，肥料投入为 1 455 元/hm²。

除草剂：75 元/hm²。

灌溉费用：张掖地区灌溉费用主要是水费，春小麦整个生长过程中灌 3 次水，再加灌 1 次冻水。3 年（2005 ~ 2007 年）的平均灌水量（包括冻水）为 5 547.5m³/hm²，单价为 0.09 元/m³，灌溉水投入为 499 元/hm²。

人工：主要包括喷药和灌水时的人工费用，为 240 元/hm²。

根据上述计算，传统耕作处理春小麦的总投入为 3 439 元/hm²。

免耕覆盖：

春小麦：品种为陇辐 2 号，播种量为 450kg/hm²，种子单价为 2.6 元/kg，种子投入为 1 170 元/hm²。

肥料：施肥量为尿素 300kg/hm²，磷酸二铵 375kg/hm²，两种肥料的单价分别为 1.60 元/kg 和 2.60 元/kg，肥料投入为 1 455 元/hm²。

除草剂：75 元/hm²。

灌溉费用：春小麦整个生长过程中灌 3 次水，再加灌 1 次冻水。3 年（2005 ~ 2007 年）的平均灌水量（包括冻水）为 5 052m³/hm²，单价为 0.09 元/m³，灌溉水投入为 454 元/hm²。

人工：主要包括喷药和灌水时的人工费用，为 240 元/hm²。

根据上述计算，免耕覆盖处理春小麦的总投入为 3 394 元/hm^2。

固定道保护性耕作：

春小麦：品种为陇辐 2 号，播种量为 450kg/hm^2，种子单价为 2.6 元/kg，种子投入为 1 170 元/hm^2。

肥料：施肥量为尿素 300kg/hm^2，磷酸二铵 375kg/hm^2，两种肥料的单价分别为 1.60 元/kg 和 2.60 元/kg，肥料投入为 1 455 元/hm^2。

除草剂：75 元/hm^2。

灌溉费用：春小麦整个生长过程中灌 3 次水，再加灌 1 次冻水。3 年（2005～2007 年）的平均灌水量（包括冻水）为 4 258m^3/hm^2，单价为 0.09 元/m^3，灌溉水投入为 383 元/hm^2。

人工：主要包括喷药和灌水时的人工费用，为 240 元/hm^2。

根据上述计算，固定道保护性耕作处理春小麦的总投入为 3 323 元/hm^2。

由上述分析可知，不同耕作处理非机械作业成本的差别主要在于灌溉费用的差别，我国西北地区由于水费较低，因此不同处理非机械作业成本相差不大。

二、经济效益分析

不同耕作体系春小麦经济效益分析如表 4－18 所示。从投入来看，固定道保护性耕作、免耕覆盖和传统耕作的机械作业成本分别为 925 元/hm^2、825 元/hm^2 和 1 725 元/hm^2。固定道保护性耕作由于比免耕覆盖多了一项起垄作业，因而增加 12.1% 的机械作业成本；传统耕作机械作业成本最高，分别比固定道保护性耕作和免耕覆盖高 86.5% 和 109.1%；免耕覆盖机械作业成本最低。固定道保护性耕作、免耕覆盖和传统耕作的非机械作业成本分别为 3 439 元/hm^2、3 394 元/hm^2 和 3 323 元/hm^2。固定道保护性耕作由于减少了灌溉量，分别比免耕覆盖和传统耕作减少了 2.1% 和 3.4% 的非机械作业成本。综合机械和非机械作业成本来说，固定道保护性耕作、免耕覆盖和传统耕作的总投入分别为 4 248 元/hm^2、4 219 元/hm^2 和 5 164 元/hm^2，免耕覆盖最低。

从产出来看，固定道保护性耕作、免耕覆盖和传统耕作的收入分别为 8 730 元/hm^2、8 593 元/hm^2 和 8 523 元/hm^2，固定道保护性耕作由于 3 年平均春小麦产量最高，因而收入也最高。

从纯收入来看，固定道保护性耕作、免耕覆盖和传统耕作的纯收入分别为 4 482 元/hm^2、4 374 元/hm^2 和 3 359 元/hm^2，固定道保护性耕作分别比免耕覆盖和传统耕作高 2.5% 和 33.4%，免耕覆盖比传统耕作高 30.2%。

从产投比来看，固定道保护性耕作、免耕覆盖和传统耕作的产投比分别为 2.06、2.04 和 1.65，固定道保护性耕作分别比免耕覆盖和传统耕作高 1.0% 和 24.8%，免耕覆盖比传统耕作高 23.6%。

相对传统耕作，固定道保护性耕作由于增加了春小麦产量，并减少了机械作业和灌溉成本，因而经济效益明显好于传统耕作；相对免耕覆盖，虽然固定道保护性耕作投入略高，但由于具有一定的产量优势，因此经济效益也好于免耕覆盖。综合不同耕作体系春小麦经济效益分析可知，固定道保护性耕作春小麦经济效益最高，免耕覆盖次之，传统耕作最低。

表 4－18　不同耕作体系春小麦经济效益分析

项目		耕作体系		
		传统耕作	免耕覆盖	固定道保护性耕作
投入	种子（元/hm^2）	1 170	1 170	1 170
	肥料（元/hm^2）	1 455	1 455	1 455
	除草剂（元/hm^2）	75	75	75
	灌溉费用（元/hm^2）	499	454	383
	人工（元/hm^2）	240	240	240
	机械作业（元/hm^2）	1 725	825	925
	总计（元/hm^2）	5 164	4 219	4 248
产出	产量（kg/hm^2）	5 819	5 967	6 062
	价格（元/hm^2）	1.44	1.44	1.44
	收入（元/hm^2）	8 523	8 593	8 730
	纯收入（元/hm^2）	3 359	4 374	4 482
产投比		1.65	2.04	2.06

注：投入中不包括管理费用，产出中不包括秸秆的价值。表中不同处理产量数据为 2005～2007 年 3 年春小麦产量平均值。

西北灌溉农业区固定道保护性耕作系统试验研究表明，固定道保护性耕作能节约灌溉用水，提高水分利用效率，改良土壤结构，提高作物产量和农业收益，可采用固定道保护性耕作取代目前普遍使用的传统耕作方式，促进当地农业的可持续发展。

第五章 固定道保护性耕作节能减排效果研究

固定道保护性耕作是伴随着现代农机尤其是大型农机田间作业所产生的弊端而引发的新的耕作理念，可以说，固定道法是现代农业的产物。随着固定道法在节能降耗上优势的凸现以及人类环保意识的增强，固定道保护性耕作将得到推广普及。

本章旨在研究固定道保护性耕作与传统耕作、非固定道保护性耕作在机具作业滚动阻力、工作阻力和总牵引阻力等方面的差异，分析机具总负载阻力与油耗和尾气排放的关系，研究固定道保护性耕作的节能减排效果。

第一节 田间作业能耗组成

农田机械作业主要是通过耕具扰动耕层土壤，实现对土壤的物理加工，改变土壤结构，以利于作物生长。机械化土壤耕作从能的角度，其实是转化转移的过程。即化学能转化为机械能，然后以机械能的形式投入土壤。耕作力学是研究机具在工作状态下，以最低的能量消耗获得最佳的耕作效果。在人畜力为主的时代，农田作业能耗似乎不是一个问题，而在机械化程度发达的今天，如果通过耕作力学的研究，节约 10% 的农田作业能耗，其总的经济效益是相当可观的。

机组以拖拉机或自走式机器上的柴油机为动力源，一般可转换为 4 种形式：牵引动力、旋转动力、液力动力和电力动力。农田作业机组利用液力和电力通常功率不大，持续时间较短，不是机组动力的主要利用形式。在实际作业中，机组动力利用形式不外下列两种：单纯牵引工作，牵引同时驱动工作。

1. 单纯牵引工作

发动机有效功率经驱动装置由挂结点传递给农具，提供牵引功率。拖拉机的功率利用方式为当拖拉机作移动式工作时，发动机功率经传动体系传至驱动轮，克服拖拉机移动的阻力，并在挂钩上产生足够的挂钩牵引力，以克服农业机械移动即工作阻力。

2. 牵引同时驱动工作

发动机有效功率分成两部分传递，除向农具提供牵引功率外，同时还经动力输出装置向农具工作部件提供旋转功率。由于驱动农具工作部件的功率，是由动力输出装置直接传递，没有滚动与滑转功率损失，因此，其传动效率通常高于牵引效率。若同时用动力输出轴，则一部分发动机功率消耗于拖拉机自身行走和牵引农业机械行走方面，其余部分发动机功率通过动力输出轴传给农业机械上需要动力的工作机械，在这种情况下，发动机所发出的有效功率应能满足这两部分功率消耗的需要。

图 5 -1 为轮式拖拉机牵引农机具在水平地面上等速直线行驶时的原理简图。轮式拖拉机牵引农机具在水平地面上行驶时，发动机产生的驱动转矩 T_q 与土壤地面间相互作用，引起大小相等而作用方向相反的力作用在轮缘上，与前进方向相同的土壤反力，称为机组推进力，即 F_q 是推动整台拖拉机前进的驱动力。

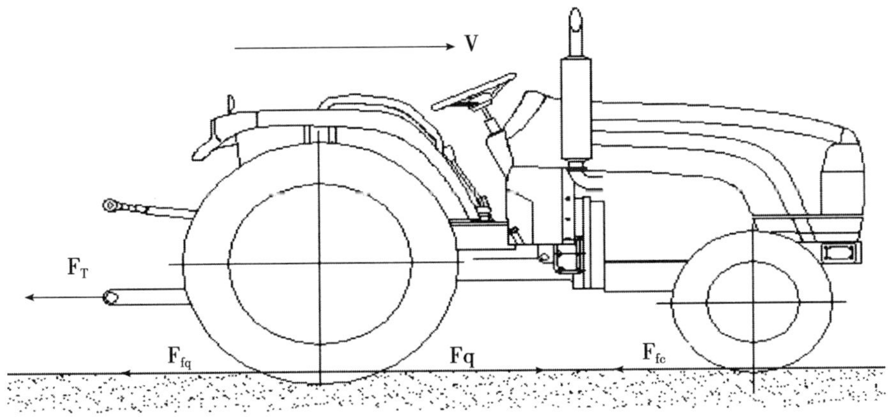

图 5 -1　轮式拖拉机作业水平行驶简图

拖拉机要向前行驶，必须克服各种形式阻力，在平地里等速行驶作业情况下，克服阻力有：①拖拉机自身行走所必须克服的滚动阻力；②带动农机具工作所必须克服的工作阻力。当驱动力 F_q 足以克服拖拉机前后轮上的土壤反作用力 F_{fc} 和 F_{fq} 以及作用在拖拉机挂钩上的牵引阻力 F_T 时，拖拉机能正常行驶[1]。驱动力受轮胎与地面间的附着力 F_φ 的限制，当大于 F_φ 时，F_q 不再随发动机转矩 T_q 的增加或传动比 i 的增大而增加。因此，拖拉机保持正常行驶的充分和必要的条件是：

$$F_{\varphi} \geqslant F_{q} \geqslant F_{T} + (F_{fc} + F_{fq}) = F_{T} + F_{f} \quad (5-1)$$

式中：F_f—拖拉机轮胎的滚动阻力（N）；

F_{fc}、F_{fq}—拖拉机前后轮的滚动阻力（N）；

F_T—拖拉机的工作阻力（N）；

F_q—拖拉机的驱动力（N）。

由公式（5－1）得出，为确保拖拉机正常行驶和提高拖拉机工作时的牵引效率，应尽可能提高驱动力 F_q 和减少滚动阻力 F_f。

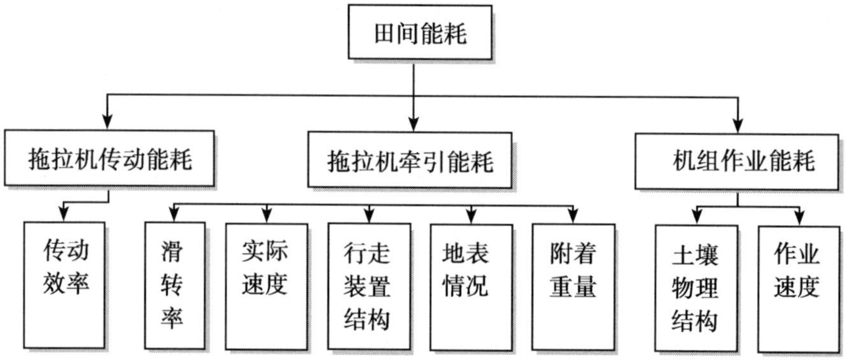

图5－2　拖拉机田间能耗分配

拖拉机在各种使用条件下克服各种阻力进行正常工作时，根据能量守恒定律，发动机发挥出的有效功率，应该等于克服各种阻力消耗的功率总合。机组田间能量消耗按分布形式不同可归类为三部分。如图5－2所示，即拖拉机传动能耗、拖拉机牵引能耗和机组作业能耗。当拖拉机在平地等速行驶作业时，依能量守恒定律，拖拉机总田间能耗 R 表达式为[2]：

$$R = R_f + R_F + R_t \quad (5-2)$$

式中：R_f—轮胎滚动阻力所耗功率，W；

R_F—农具工作部件使加工对象变形、运动及相互摩擦所耗功率，W；

R_t—拖拉机传动系统摩擦所耗功率，W。

发动机功率经传动体系传至驱动轮，克服拖拉机自身行走所必须的滚动阻力（F_f），并在挂钩上产生足够的挂钩牵引力，以克服农业机械作业时的工作阻力（F_T），而发动机的输出功率在传递给变速装置和车轮等部分的过程中因摩擦所消耗的功率即为（R_t）。传动系统所耗功率虽然受各种因素影响而有所变化，但在动力学分析时仍可近似为定值，一般轮式拖拉机为0.9。

固定道保护性耕作的能耗研究是一项复杂的多学科系统工程。固定道保护性耕作通过控制土壤压实，降低机具行走阻力和工作部件作业阻力，从而减少总负载阻力，降低田间能耗，是农艺与农机相结合的一项特殊节油技术。影响拖拉机牵引性能以及油耗的主要土壤参数包括体积、密度、含水量、硬度、附着系数、内聚力以及内摩擦系数；而拖拉机自身影响参数有负载、轮胎内压、传动效率以及驱动型式等。本章仅研究土壤工作部件（如犁、齿、铲等）与土壤的相互作用耗能 R_F 和机具行走部件与土壤的相互作用耗能 R_f 两项功率。而农机具传动系统因摩擦所耗功率 R_t 为纯农机问题，暂不作考虑。故能量消耗仅限于拖拉机自身行走和牵引农业机械作业两方面，综合保护性耕作和固定道保护性耕作的牵引能耗效应，上式可简化为：

$$R \alpha (R_f, R_F) \tag{5-3}$$

即能耗仅与驱动力、滚动阻力、工作阻力相关。

固定道保护性耕作相较于传统非固定道保护性耕作，主要有两大节能点：一是生长带上所需工作阻力相对较少；二是行走带上可提供较大驱动力，滚动阻力减小，改善牵引性能。本章中试验对比分析不同耕作体系下的机具阻力（滚动阻力、工作阻力和总牵引阻力），关键作业的油耗，关键作业时的尾气排放，通过三者相结合确定固定道保护性耕作的节能效应。

第二节　固定道保护性耕作能耗分析及试验方案设计

固定道保护性耕作通过提高机械行走带上坚实度，降低作物生长带上体积密度，从而减少了滚动阻力与工作阻力。通过田间牵引测试实验，验证了固定道保护性耕作（2CT）与非固定道保护性耕作（CT）在滚动阻力、工作阻力以及滑转率上的差异。主要实测在田间播种、深松两项作业中，固定道保护性耕作与非固定道保护性耕作的燃油消耗差异，为进一步研究固定道保护性耕作技术体系及配套机具提供理论基础和依据。

一、试验设计

能耗试验就在第三章所述的北京市大兴区一年两熟区固定道保护性耕作试验区内进行。主要设两类试验：固定道保护性耕作（2CT）与非固定道保护性耕作（CT），具体试验处理如下：

（1）固定道免耕（NTCN）：固定道玉米免耕 + 固定道小麦免耕。

（2）固定道深松（STCN）：固定道玉米深松 + 固定道小麦免耕。

（3）非固定道免耕（NT）：非固定道玉米免耕 + 非固定道小麦免耕。

（4）传统耕作（CK）：非固定道玉米免耕 + 非固定道小麦旋耕。

具体测试试验内容包括：

1. 机具阻力试验

不同耕作体系不同速度滚动阻力测定；

不同耕作体系不同负载滚动阻力测定；

不同耕作体系不同速度工作阻力测定；

不同耕作体系不同负载工作阻力测定；

不同耕作体系不同深度土层开沟器阻力测定；

不同耕作体系不同速度开沟器阻力测定；

不同耕作体系不同速度总牵引阻力测定；

不同耕作体系不同负载总牵引阻力测定。

2. 能耗试验

不同耕作体系不同作业下纯行走油耗；

不同耕作体系下不同作业下作业油耗。

3. 尾气排放试验

不同耕作体系不同作业下纯行走尾气烟度；

不同耕作体系下不同作业下作业尾气烟度。

二、试验仪器与方法

作业机具：TN－654 型拖拉机（1 台），单机重 3 800kg、2BMF－4/7 型免耕播种机，重 400kg，工作幅宽 1.5m、深松机幅宽为 0.7m，重 120kg。

1. 滚动阻力、工作阻力和总牵引阻力

测定时间：2006 年 6 月深松作业、2006 年 10 月冬小麦播种作业和 2007 年 6 月夏玉米播种时。

测定方法：使用 CTM2002B 综合测试仪测试拖拉机牵引性能。综合测试仪配套油耗传感器、速度传感器和拉力传感器。仪器所测各指标分辨率如表 5－1 所示。

表 5 -1　CTM2002B 农机综合测试仪指标参数

项目	分辨率	项目	分辨率
速度	0.1km/h	百公里油耗	0.001L/100km
小时油耗	0.001L/h	牵引力	10N
牵引功率	0.01kW		

牵引阻力通过拉力传感器来测量。拉力传感器安装在悬挂农具的拖拉机前部。用一台辅助拖拉机通过拉力传感器牵引悬挂机具的拖拉机。首先测量农机具提升离地时，两台拖拉机之间的牵引力和燃油消耗，悬挂农具的拖拉机在工作时始终置为空挡，测定的牵引力为机具作业的滚动阻力 F_f。接着机具入土，测量农具实际作业时的牵引力 F。机组的牵引阻力（作业阻力）为前后两次测量牵引力之差，即 $F_p = F - F_f$。图 5 -3 为牵引阻力的测量原理图[3]。

深松作业时，深松机幅宽为 1.4m，重量为 120kg，配套拖拉机为 TN -654。深松深度为 30cm。试验也分为空行和负载作业。每次测试有效作业距离不少于 80m，每 20 ~40m 记录一次平均作业数据，每种作业处理测试 6 次。

播种作业时，播种机为 2BMF -2/7 型固定道小麦/玉米通用免耕播种机，工作幅宽 1.5m，重量为 400kg，配套拖拉机为 TN -654。播种深度控制在 4 ~5cm；施肥深度控制在 9 ~10cm。测试时，作业尽量保持匀速作业。每次测试有效作业距离不少于 80m，每 20 ~40m 记录一次平均作业数据，每种作业处理测试 6 次。

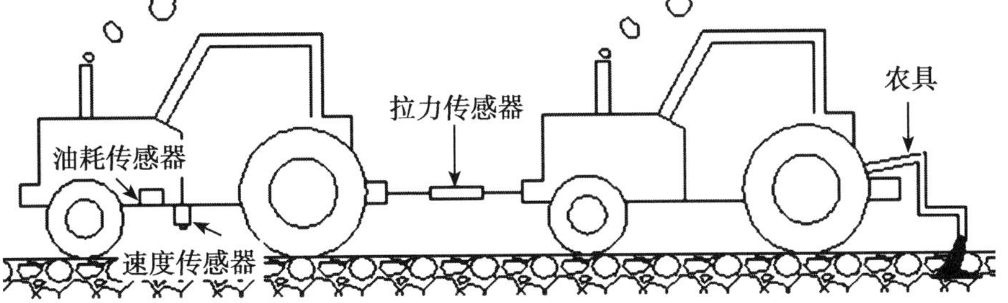

图 5 -3　拖拉机悬挂农机具牵引阻力测量

2. 拖拉机油耗

测定时间：冬小麦10月播种、夏玉米6月底深松和播种。

测定方法：使用CTM2002B综合测试仪测试。具体测量在固定道和非固定道处理上播种（小麦和玉米），深松和旋耕的油耗。分别测量不同作业在空行（纯行走）和负载作业状态下的油耗。每次测试有效作业距离不少于80m，每20～40m记录一次平均作业数据，每种作业处理测试6次。本试验于2006年和2007年冬小麦和夏玉米关键作业时在大兴区保护性耕作地测试，试验步骤与牵引力测试类似，故此不再复述。

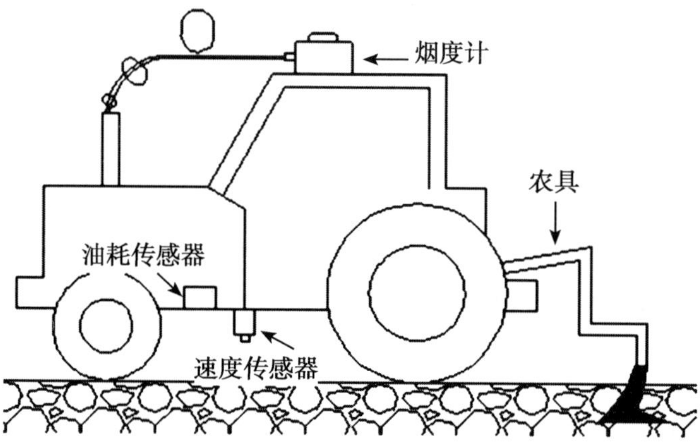

图5－4　拖拉机悬挂农机具油耗、烟度测量

如图5－4所示，测试无需辅助拖拉机进行牵引，配套拖拉机选用TN－654，播种机或深松机直接悬挂在被测拖拉机的尾部。由农机综合测试仪具体测量小麦、玉米收获后机具在作业时拖拉机的燃油工况。安装于车顶的烟度计测量拖拉机工作过程中的尾气排放。测试时作业速度控制在2.0km/h（慢Ⅲ），试验应尽量匀速作业；播种深度控制在4～5cm，施肥深度控制在9～10cm，小麦为7行带状粉碎免耕播种，玉米为4行免耕播种；深松深度控制在25～30cm，双铲深松。2CT生长带（A）耕层土壤坚实度为301kPa，2CT行走带（B）为1 788kPa，CT带（C）为1 302kPa。

本试验与牵引测试最大的不同在于：

1）无需辅助牵引拖拉机。仅测试负载拖拉机燃油消耗及尾气排放。

2）小麦播种为带状粉碎免耕，拖拉机牵引播种机作业同时，驱动旋耕刀地表破茬防堵，其总燃油消耗要高于纯牵引作业。

3）由于牵引阻力测试时油耗数据为辅助拖拉机牵引负载拖拉机作业，

其油耗数据要略高于单台拖拉机作纯牵引深松工作，故此次玉米播种及深松作业田间数据较牵引测试低。

燃油公式：

$$\text{公顷油耗} = \frac{\text{小时耗油量}(L/h) \times 10\ 000}{\text{速度}(km/h) \times \text{作业幅宽}(s) \times 1\ 000} = \frac{\text{小时耗油量} \times 10}{\text{速度} \times 1.5}$$

$$\text{单位}:(L/hm^2) \quad (5-4)$$

3. 拖拉机尾气烟度

测定时间：冬小麦10月播种、夏玉米6月底深松和播种。

测定方法：在测定拖拉机油耗的同时，使用Dismoke 4000型烟度计测定不同耕作体系不同作业下的拖拉机尾气烟度。分别测量不同作业在空行（纯行走）和负载作业状态下的烟度。烟度的测量和拖拉机作业油耗相对应，每次测试有效作业距离不少于80m。本试验于2006年冬小麦和夏玉米关键作业时在大兴区保护性耕作试验区测试，试验步骤与油耗测量相似，故此不再复述。

4. 开沟器阻力

测定时间：2007年夏玉米收获后。

测定方法：使用自行研制的开沟部件田间测试系统。该系统由“L”型传感器（图5-5）、数据采集卡、测试程序等部分组成。“L”型传感器采用三分力传感器，输出信号为电压信号，测试范围为-1~1V，负号表示与标定的方向相反，对应的测力范围为0~300kg。传感器上X、Y、Z 3个方向力的测量采用了测剪力的原理，通过测量应变片的应变测定相应的力（图5-6）。

采用北京中泰科技有限公司生产的USB7325A型可编程数据采集卡，其主要特点是：体积小，携带方便，USB接口，能方便的与电脑相连。数据采集过程通过编程控制，采集时间间隔可以通过内部时钟任意设定，并且能够时时保存数据。

测试开沟部件时，将“L”型传感器与机架相连，开沟深度由机架限深轮控制，将开沟部件固接在“L”型开沟器的下端，如图5-7所示，采集卡的输入端与传感器数据线相连，输出端与电脑相连。当拖拉机正常前进时，打开测试程序，开始采集数据，即可测试开沟部件的前进阻力、垂直反力，并且将采集的数据保存在电脑中。

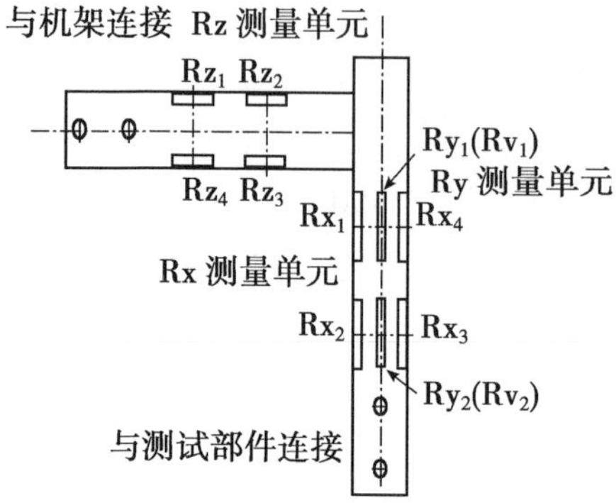

图 5－5　传感器结构示意图

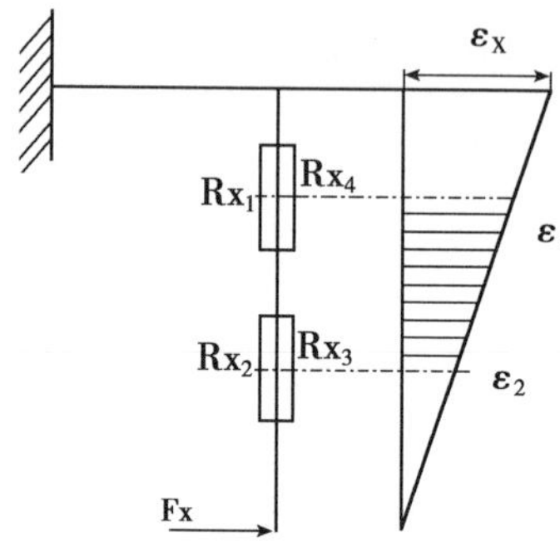

图 5－6　传感器截面上的应力图

图 5－7　田间测试系统总体机构图

设计了 2×2 正交开沟阻力测试试验，二因素分别为作业速度和入土深度。作业速度按实际田间作业分别取 2.6km/h（慢 III）及 4.6km/h（慢 IV）共 2 个水平。保护性耕作适宜播种深度为 3～5cm，适宜种肥深度为 8～11cm，0～10cm 是保护性耕作的主要机具作业层。因此，入土深度选择 2 个水平：5cm 和 10cm。试验为单铲开沟，使用 45°短翼尖角开沟器。拖拉机正常前进时，数据采集频率为 50 次/s，每次试验距离为 40m，重复 3 次。

第三节 固定道保护性耕作田间阻力分析

一、滚动阻力

土壤在拖拉机的行驶过程中因受到挤压和剪切而产生阻力，加上拖拉机自身有关部件的摩擦与变形，就形成了拖拉机的滚动阻力。

拖拉机滚动阻力所耗功率 R_f[4,5] 表达式为

$$R_f = F_f \times v = f \times v \times G \tag{5-5}$$

$$F_f = F_{f\alpha} + F_{f\beta} \tag{5-6}$$

式中：F_f—车辆的滚动阻力，单位 N；

$F_{f\alpha}$—土壤压实引起的滚动阻力，单位 N；

$F_{f\beta}$—轮胎变形引起的滚动阻力，单位 N；

v—田间作业速度，单位 m/s。

在拖拉机的重量、行走机构的形状、尺寸、接地压力以及运行速度一定时，其滚动阻力的大小主要取决于土壤及地表状况。拖拉机滚动阻力一般按下式计算：

$$F_f = fG \tag{5-7}$$

式中：f—滚动阻力系数；

G—拖拉机使用重量，单位 N。

表 5－2 不同地形滚动阻力系数

地表情况	滚动阻力系数
耙后和中耕后地面	0.16～0.18
耕后地面	0.12～0.18
割后地面	0.08～0.10
干土路	0.03～0.05

表 5－2 为不同地面的滚动阻力系数。地表紧实度越大，滚动阻力系数越小。耕后地面的滚动阻力系数为干土路的 3～4 倍。

表 5－3 为田间试验测得的固定道与非固定道处理下不同作业的滚动阻力和油耗。相对于非固定道保护性耕作，固定道保护性耕作明显降低滚动阻力（$P = 0.05$）。其中，深松时滚动阻力降低 26.9%；小麦播种时滚动阻力

降低 21.9%；玉米播种时滚动阻力降低 19.7%。3 种作业下，非固定道处理滚动阻力比固定道处理平均高 493N（22.9%）。随着滚动阻力降低，行走油耗相应也降低（$P=0.05$）。3 种作业下，固定道处理油耗分别比非固定道处理降低 15.4%、16.5% 和 28.4%。

表 5－3　固定道与非固定道处理不同作业的滚动阻力及油耗

项目	2006 年 6 月深松		2006 年 10 月小麦播种		2007 年 6 月玉米播种	
	滚动阻力（N）	油耗（L/hm^2）	滚动阻力（N）	油耗（L/hm^2）	滚动阻力（N）	油耗（L/hm^2）
固定道	1 580[a]	9.72[a]	1 834[a]	10.62[a]	1 558[a]	7.11[a]
非固定道	2 160[b]	11.49[b]	2 348[b]	12.75[b]	1 942[b]	9.93[b]
Total S. D	264	1.36	278	1.72	269	1.23
Total S. E	62	0.42	84	0.36	69	0.30

注：1. 表中同一列内右上角标有相同字母表示不同处理之间不存在显著差异（$P=0.05$）。

2. 表中同一列内右上角标有相同字母表示不同处理之间不存在显著差异（$P=0.05$）。

3. Total S. D 代表总的标准偏差，Total S. E 代表总的标准误差。

滚动阻力系数（f）为拖拉机纯空行滚动阻力 F 与拖拉机重力 G 的比值。由式 5－7 可推出：

$$f = F_f/G \tag{5-8}$$

由 5－8 式可以计算出，固定道保护性耕作平均滚动阻力系数为 0.042，处于干土路和生荒地之间。非固定道保护性耕作平均滚动阻力系数为 0.054，处于硬实熟地和生荒地之间，低于一般保护性耕作 0.06～0.08[6]，主要是由于试验前进行了翻耕作业，非固定道处理压实作用较大，因而滚动阻力系数偏低。固定道平均滚动阻力比非固定道降低 22.2%。

固定道保护性耕作处理下，行走道的滚动阻力明显低于非固定道处理。主要是由于机具对土壤的压实作用。固定道保护性耕作设置专用的机具行走道，机具轮胎对土壤有明显的压实作用，且随着作业次数的增加，压实作用逐渐累积。图 5－8 为非固定道处理与固定道行走道在不同时间不同作业下的容重。随着时间的推移，非固定道处理容重明显低于固定道保护性耕作行走道容重，因而机具轮胎接触地表相对较疏松，增加土壤压实变形，提高了机具的滚动阻力，降低了附着能力。而固定道处理下，反复压实的行走道为机具行走提供相对坚实的路面，降低了地表滚动阻力系数，降低了轮胎行走阻力，减少了总功率在行走阻力上的能耗损失，同时提高了土地附着系数，土壤能提供轮胎更大的附着力，可进一步提高机组的牵引性能。

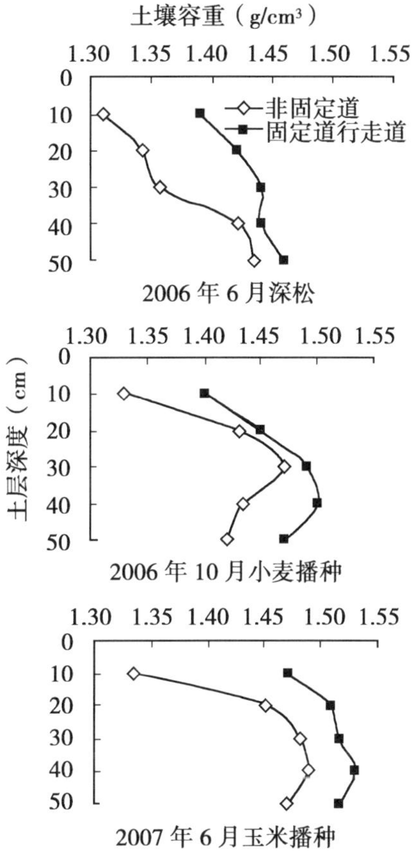

图 5 −8　不同作业前非固定道与固定道行走道土壤容重

二、机具工作阻力

1. 机具工作阻力

机具作业时，入土部件引起的土壤变形、破碎会对机具的前进产生阻力，就是机具工作阻力。机具工作阻力的大小很大程度上由土壤的特性决定。土壤坚实度和容重越高，入土部件的阻力越大。在某一土壤含水量水平下，耕作阻力随土壤容重的增加呈曲线增加的[7]。

图 5 −9 列出了 3 种深松、小麦播种和玉米播种时，机具的工作阻力。相对于非固定道处理，固定道处理降低机具作业阻力。深松、小麦播种和玉米播种 3 种作业时，固定道保护性耕作处理机具工作阻力分别比非固定道保护性耕作处理降低 7.5%、7.2% 和 12.4%。且在玉米播种，工作阻力存在显著性差异（$P=0.05$）。固定道保护性耕作处理机具作业阻力平均比非固定道保护性耕作处理降低 8.8%。

图 5 −10 为不同作业时，非固定道保护性耕作处理和固定道保护性耕作处理作物带的土壤容重。在 2006 年 6 月深松和 2006 年 10 月小麦播种时，机器作业次数较少，分别为 2 次和 3 次。因而机具对土壤的压实作用较小，固定道保护性耕作处理容重只是在 0 ~ 10cm 土层内显著地低于非固定道保护性耕作处理（$P=0.05$）。因而，固定道对耕作阻力的降低作用不显著。

随着作业次数增多，机具对土壤的压实作用越加明显。到 2007 年 6 月

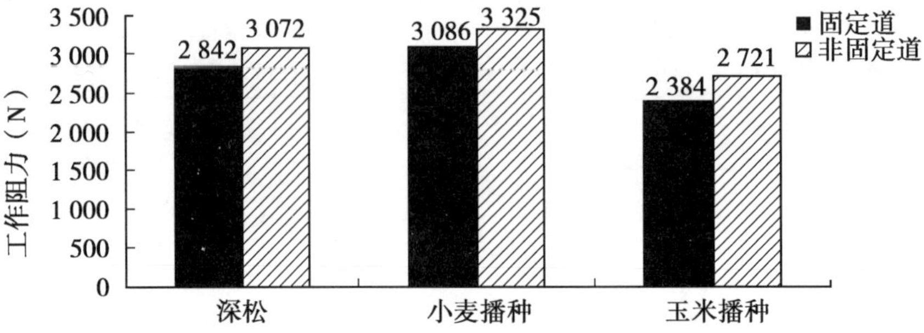

图 5－9　固定道与非固定道处理不同作业下机具工作阻力

玉米播种时，作业次数达到 5 次，固定道保护性耕作处理生长带容重在 0～20cm 土层内显著地低于非固定道保护性耕作处理（P = 0.05）。由于耕作阻力的增加随容重的曲线增加，因而，固定道保护性耕作处理显著地降低了生长带的作业阻力。

2. 开沟器阻力

机具田间作业时，主要的受力部件为入土部件。因此，在固定道保护性耕作试验进行两年后，对固定道保护性耕作和非固定道保护性耕作的不同处理进行了开沟器田间阻力测试，旨在进一步说明固定道保护性耕作在减少耕作阻力方面的效应。

图 5－11 为不同深度和速度下不同耕作体系开沟器水平阻力。试验结果显示，开沟器阻力随着速度和作业深度的增加而增加。

（1）0～5cm 土层　在速度为 2.6km/h 时，固定道免耕（NT-

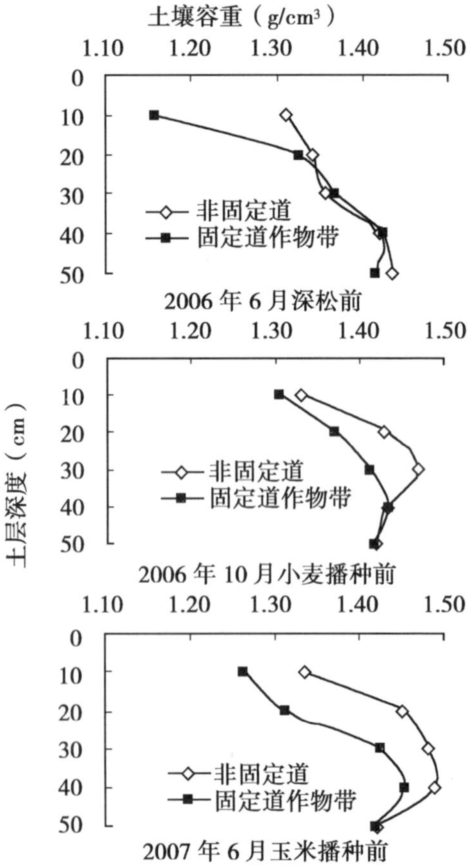

图 5－10　不同作业时非固定道和固定道作物带土壤容重

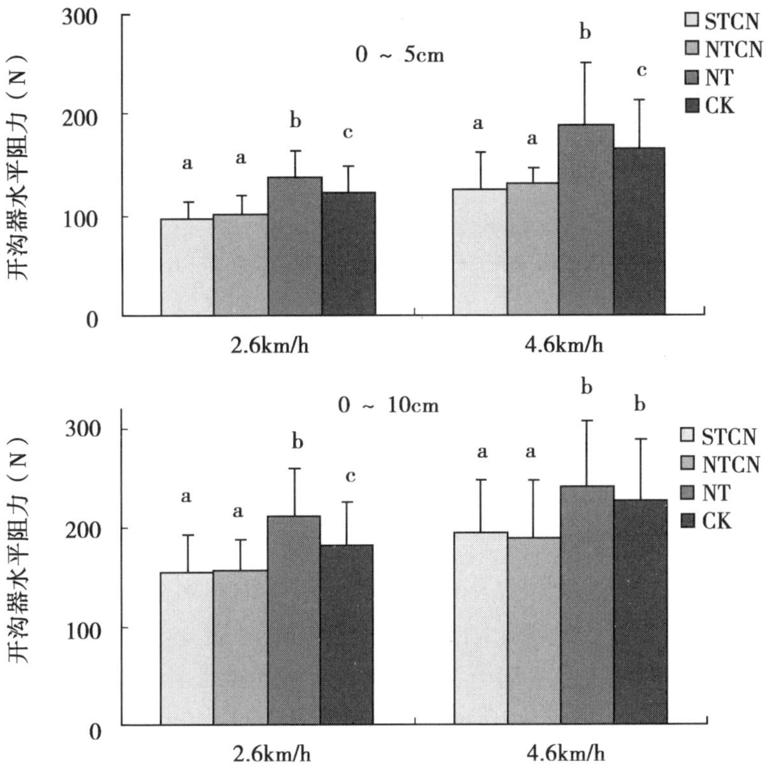

图 5-11　不同深度和速度下不同耕作体系开沟器水平阻力

CN）和固定道深松（STCN）分别比非固定道免耕（NT）显著降低 26.3% 和 16.6%，比传统耕作（CK）显著降低 16.6% 和 19.8%。

在速度为 4.6km/h 时，相对于非固定道免耕（NT），固定道免耕（NT-CN）和固定道深松（STCN）开沟器水平阻力分别显著降低 30.3% 和 33.5%；相对于传统耕作（CK），固定道免耕（NTCN）和固定道深松（STCN）开沟器水平阻力分别显著降低 21.1% 和 24.7%。

两种固定道保护性耕作处理：固定道免耕（NTCN）和固定道深松（STCN）两种速度下的开沟器水平阻力没有显著性差异（$P=0.05$）。固定道免耕（NTCN）略高于固定道深松（STCN）。

两种非固定道保护性耕作处理中，由于旋耕作业的存在，非固定道免耕（NT）和传统耕作（CK）开沟器水平阻力存在显著性差异（$P=0.05$）。0 ~ 5cm 土层，非固定道免耕（NT）分别比传统耕作提高 13.2% 和 13.3%。

（2）0～10cm 土层　两种固定道保护性耕作处理：固定道免耕（NTCN）和固定道深松（STCN）开沟器水平阻力显著地低于两种非固定道处理：非固定道免耕（NT）和传统耕作（CK）。

作业速度为 2.6km/h 时，相对于非固定道免耕（NT）和传统耕作（CK），固定道免耕（NTCN）开沟器水平阻力分别降低 26.1% 和 14.3%，固定道深松（STCN）开沟器水平阻力分别降低 27.5% 和 15.9%。

作业速度为 4.6km/h 时，相对于非固定道免耕（NT）和传统耕作（CK），固定道免耕（NTCN）开沟器水平阻力分别降低 21.6% 和 17.1%，固定道深松（STCN）开沟器水平阻力分别降低 19.1% 和 14.5%。

两种固定道保护性耕作处理：固定道免耕（NTCN）和固定道深松（STCN）开沟器水平阻力没有显著性差异（$P=0.05$）。

非固定道免耕处理（NT）在作业速度为 2.6km/h 时，开沟器水平阻力显著高于传统耕作（CK）15.9%；作业速度为 4.6km/h 时比传统耕作处理高 5.9%，但是差异不显著。

两种固定道保护性耕作（NTCN 和 STCN）开沟器平均水平阻力明显低于两种非固定道保护性耕作（NT 和 CK）（表 5－4）。在 0～5cm 土层，固定道保护性耕作开沟器水平阻力在两种速度下分别比非固定道保护性耕作降低 23.3% 和 27.7%；在 0～10cm 土层，分别比非固定道保护性耕作降低 20.9% 和 17.9%。

表 5－4　固定道与非固定道处理平均开沟器水平阻力（N）

项目	0～5cm		0～10cm	
	2.6km/h	4.6km/h	2.6km/h	4.6km/h
非固定道平均	129^{a}	177^{a}	196^{a}	234^{a}
固定道平均	99^{b}	128^{b}	155^{b}	192^{b}
相对于非固定道降低率（%）	23.3	27.7	20.9	17.9

注：表中同一列内右上角标有相同字母表示不同处理之间不存在显著差异（$P=0.05$）。

在单铲试验条件下，在 0～10cm 土层，固定道保护性耕作处理平均水平阻力为 174N，非固定道保护性耕作处理为 215N。相对于非固定道保护性耕作，固定道保护性耕作下开沟器水平阻力降低 19.3%。在实际播种作业时，施肥开沟器的开沟深度为 10cm，小麦播种时使用 7 个开沟铲，玉米播种使用 2 个开沟器。相对于非固定道保护性耕作，固定道保护性耕作在播种相同的幅宽的小麦和玉米时，分别可以减少播种机水平阻力 291N 和 81N，从而降低农具作业的牵引阻力，达到降低油耗的目的。

此外，从图5－11可以看出，随着作业速度和深度的增加，开沟器水平阻力组内误差增大。在作业过程中，机组的阻力或阻扭矩是波动的，使作用于发动机曲轴上的负荷不稳定，引起曲轴角速度波动，影响调速与供油以及燃烧过程等，从而致使发动机最大有效功率往往低于标定功率值，降低有效功率，影响机组作业质量。固定道保护性耕作处理组内误差低于非固定道保护性耕作，可以降低阻力的波动，保证机组作业质量。

固定道保护性耕作把轮胎对土壤的压实控制在行走带内，避免对作物生长带的压实，降低机具作业时的工作阻力，主要是开沟器阻力，以及工作阻力的波动。而非固定道保护性耕作田间作业时，机组在地面随机行走，造成土壤压实，特别是拖拉机驱动轮的轮辙，对土壤的压实破坏严重，导致表层土壤平整性的破坏，引起表层土壤强度的较大波动。因此，在非固定道保护性耕作作业时，动力需求变动大，增加了燃油消耗。

三、机组总牵引阻力

机具总牵引阻力包括滚动阻力和机具工作阻力两部分。试验结果显示，固定道处理的拖拉机消耗的总牵引阻力、牵引功率和油耗均明显低于非固定道保护性耕作（$P=0.05$），见表5－5。相对于非固定道保护性耕作，固定道保护性耕作在深松、小麦播种和玉米播种3种作业时，总牵引阻力分别降低14.6%、13.3%和13.3%，牵引功率分别降低12.4%、13.0%和20.0%，牵引油耗分别降低17.6%、12.4%和9.1%。

表5－5　固定道与非固定道处理下不同作业的总牵引阻力与油耗

处理	2006年6月深松			2006年10月小麦播种			2007年6月玉米播种		
	牵引力（N）	牵引功率（kW）	油耗（L/hm^2）	牵引力（N）	牵引功率（kW）	油耗（L/hm^2）	牵引力（N）	牵引功率（kW）	油耗（L/hm^2）
固定道	4 422[a]	2.69[a]	15.9[a]	4 920[a]	2.48[a]	14.1[a]	4 042[a]	3.89[a]	9.2[a]
非固定道	5 178[b]	3.07[b]	19.3[b]	5 673[b]	2.85[b]	16.1[a]	4 662[b]	4.86[b]	10.1[b]
Total S. D	663	0.11	1.78	709	0.10	1.95	652	0.13	1.21
Total S. E	189	0.04	0.37	136	0.04	0.44	202	0.06	0.32

注：1. 表中同一作业，同一列内右上角标有相同字母表示不同处理之间不存在显著差异（$P=0.05$）。

2. Total S. D代表总的标准偏差，Total S. E代表总的标准误差。

在总牵引阻力的构成上，固定道保护性耕作机具工作阻力所占比例高于非固定道保护性耕作。深松时，固定道保护性耕作和非固定道保护性耕作工作阻力分别占总牵引阻力67.8%和59.3%；小麦播种时，固定道保护性耕作和非固定道保护性耕作工作阻力分别占总牵引阻力62.7%和58.6%；玉米播种时，固定道保护性耕作和非固定道保护性耕作工作阻力分别占总牵引阻力59.0%和58.3%。可见，无论是深松还是播种作业，在固定道处理中，拖拉机发出的功率更多地发挥在了田间作业上，从而提高了发动机功率的利用率。

固定道保护性耕作改善作业机组的牵引性能主要是通过控制压实来实现的，其作用通过两方面来体现。一方面，固定道保护性耕作的专用行走道，可以显著降低滚动阻力，减少行走能耗。同时，拖拉机空行能量大部分消耗在农具行走上，只有少部分用于土壤的压实，从而提高牵引性能。非固定道保护性耕作作业时，轮胎行走在疏松的地面上，滚动阻力增大，拖拉机空行能量一部分消耗在农具行走上，一部分用于对土壤压实做功。研究表明，拖拉机的总输出功率中，大约有一半消耗在其自身轮胎压实土壤和通过耕作消除其压实影响的过程中[8]。3种作业下，非固定道保护性耕作滚动阻力平均比固定道保护性耕作高493N，这部分力主要用于拖拉机轮胎在非固定道处理地块上行走时对土壤的压实做功。

另一方面，固定道保护性耕作减少了对作物生长带的压实，减少机具工作阻力，同时减少工作阻力的波动。在非固定道保护性耕作下，农具工作部件还需要疏松轮胎压实的土层，从而导致后续工作阻力增加，牵引性能降低，加剧了燃油消耗。

固定道保护性耕作兼顾了轮胎行走和农具作业两方面需求，控制田间压实，降低滚动阻力和机具工作阻力，从而提高了机具的牵引性能。由于机具田间作业能耗和总负载阻力存在着强正相关关系[9]，因此固定道保护性耕作通过降低机具牵引阻力，可以显著的降低燃油消耗。

第四节　固定道保护性耕作机具作业油耗分析

一、夏玉米机器作业油耗

夏玉米作业期间主要包括两项主要的机具作业：一是固定道深松（STCN）处理中的深松作业，二是玉米播种作业。由于深松作业需要耗费大量的功率，不需要年年深松。因此，只在2006年夏季进行了深松作业。夏玉米作业期间油耗数据如表5-6，图5-12和图5-13所示。

图 5－12　深松作业

图 5－13　玉米免耕播种作业

1. 深松油耗

表 5－6 为不同耕作处理下深松作业油耗数据。相对于非固定道保护性耕作，固定道保护性耕作处理明显降低深松油耗（$P=0.05$）。固定道保护性耕作油耗比非固定道处理降低 23.7%（3.47L/hm^2）。其中，纯行走油耗固定道保护性耕作处理比非固定道保护性处理降低 23.8%（1.2L/hm^2）；深松纯作业油耗分别为：固定道保护性耕作处理 3.98L/hm^2，非固定道保护性耕作处理 6.25L/hm^2，固定道保护性耕作处理比非固定道保护性耕作处理油耗降低 36.3%（2.27L/hm^2）。

表 5－6　2006 年 6 月深松油耗

工作状态	处理	速度（km/h）	百公里油耗（L/100km）	小时油耗（L/h）	公顷油耗（L/hm^2）
空行	固定道	2.26[a]	111.59[a]	2.38[a]	7.20[a]
	非固定道	2.25[a]	122.96[b]	2.90[b]	8.40[b]
	Total S. D	0.04	18.52	0.42	1.34
	Total S. E	0.01	5.23	0.22	0.35
作业	固定道	2.20[a]	167.53[a]	3.69[a]	11.18[a]
	非固定道	2.17[a]	220.19[b]	4.75[b]	14.65[b]
	Total S. D	0.06	28.49	0.57	1.89
	Total S. E	0.02	8.22	0.17	0.55

注：1. 表中同一工作状态同一列内右上角标有相同字母表示不同处理之间不存在显著差异（$P=0.05$）。

2. Total S. D 代表总的标准偏差，Total S. E 代表总的标准误差。

2. 夏玉米播种油耗

表 5－7　2006 年 6 月夏玉米播种油耗

处理	速度（km/h）	百公里油耗（L/100km）	小时耗油量（L/h）	公顷油耗（L/hm^2）
NTCN	5.04[a]	134.24[a]	6.80[a]	8.80[a]
STCN	5.02[a]	129.51[a]	6.56[a]	8.68[a]
非固定道	5.25[a]	184.89[b]	9.71[b]	12.32[b]
Total S. D	0.35	26.79	1.71	1.84
Total S. E	0.08	6.31	0.40	0.43

注：1. 表中同一列内右上角标有相同字母表示不同处理之间不存在显著差异（$P=0.05$）。

2. Total S. D 代表总的标准偏差，Total S. E 代表总的标准误差。

（1）2006 年　表 5－7 为不同耕作处理 2006 年夏玉米播种油耗。2006 年玉米播种时，固定道深松（STCN）和固定道免耕（NTCN）播种油耗明显低于非固定道（$P=0.05$）。其中，固定道深松（STCN）比非固定道处理减少油耗 3.64L/hm^2，固定道免耕（NTCN）比非固定道处理减少油耗 3.52L/hm^2。固定道保护性耕作处理平均播种油耗为 8.74L/hm^2，比非固定道保护性耕作处理减少 29.1%（3.58L/hm^2）。固定道深松（STCN）和固定道免耕（NTCN）两种处理间，播种油耗没有明显差异。

表 5－8　2007 年 6 月玉米播种油耗

处理	速度（km/h）	百公里油耗（L/100km）	小时耗油量（L/h）	公顷油耗（L/hm^2）
NTCN	6.63[a]	86.95[a]	5.78[a]	5.83[a]
STCN	6.68[a]	85.57[a]	5.74[a]	5.72[a]
NT	6.20[a]	104.91[b]	6.33[b]	7.02[b]
CK	6.17[a]	96.92[a]	5.94[ab]	6.49[ab]
Total S. D	0.86	16.53	0.62	1.11
Total S. E	0.18	3.37	0.13	0.23

注：1. 表中同一列内右上角标有相同字母表示不同处理之间不存在显著差异（$P=0.05$）。

2. Total S. D 代表总的标准偏差，Total S. E 代表总的标准误差。

（2）2007 年　表 5－8 为不同耕作处理 2007 年夏玉米播种油耗。2007 年玉米播种时，固定道深松（STCN）处理没有进行深松作业。

固定道处理油耗明显低于非固定道处理（$P=0.05$）。两种固定道处理：固定道免耕（NTCN）和固定道深松（STCN）播种的平均油耗为5.775L/hm²；两种非固定道处理：非固定道免耕（NT）和传统耕作（CK）播种的平均油耗为6.755L/hm²。固定道处理比非固定道处理减少油耗14.5%。

相对于传统耕作（CK），固定道免耕（NTCN）和固定道深松（STCN）分别降低油耗10.2%和11.9%；相对于非固定道免耕（NT），固定道免耕（NTCN）和固定道深松（STCN）分别降低油耗17.0%和18.5%。

两种固定道处理间，固定道深松（STCN）油耗略低于固定道免耕（NTCN），但是无显著性差异。两种非固定道处理间，非固定道免耕（NT）油耗比传统耕作（CK）提高8.2%，主要是由于2006年10月播种冬小麦时传统耕作（CK）进行了旋耕，土壤较非固定道免耕（NT）疏松，但是二者差异不明显。

综合2006年和2007年夏玉米的油耗数据，固定道保护性耕作和非固定道保护性耕作处理夏玉米播种平均油耗分别为7.26L/hm²和9.54L/hm²。固定道保护性耕作平均减少播种油耗23.9%。固定道深松（STCN）节能作用略高于固定道免耕（NTCN），但是效果不明显。

二、冬小麦机器作业油耗

1. 旋耕作业油耗

在设置的对照处理即传统耕作（CK）中，小麦播种前对传统耕作处理进行旋耕作业。旋耕时，0~10cm土层体积含水量为21.47cm³/100cm³，容重为1.38 g/cm³，旋耕作业油耗如表5-9所示。传统耕作下，旋耕作业油耗为11.42L/hm²。

表5-9　非固定道处理下旋耕作业油耗

重复	速度（km/h）	百公里油耗（L/100km）	小时耗油量（L/h）	公顷油耗（L/hm²）
1	6.60	10.18	153.25	10.25
2	5.40	10.20	186.38	12.51
3	5.90	11.41	191.89	12.85
4	6.20	7.74	123.62	8.28
5	5.60	10.32	183.71	12.27
6	6.40	11.90	183.52	12.32
平均	6.02	10.29	170.39	11.42

2. 冬小麦播种油耗

表 5－10 2006 年 10 月冬小麦播种油耗

工作状态	处理	速度（km/h）	百公里油耗（L/100km）	小时耗油量（L/h）	公顷油耗（L/hm^2）
空行	NTCN	2.14[a]	252.97[a]	5.56[a]	17.12[a]
	STCN	2.14[a]	252.97[a]	5.56[a]	17.12[a]
	非固定道	2.10[a]	302.25[b]	6.42[b]	20.24[b]
	Total S. D	0.09	76.53	1.32	4.33
	Total S. E	0.02	20.33	0.42	1.21
作业	NTCN	2.12[a]	407.47[a]	8.87[a]	27.59[a]
	STCN	2.11[a]	382.58[a]	8.27[a]	25.82[a]
	非固定道	2.08[a]	566.05[b]	12.05[b]	38.21[b]
	Total S. D	0.12	92.82	1.78	6.14
	Total S. E	0.03	26.8	0.51	1.76

注：1. 表中同一工作状态同一列内右上角标有相同字母表示不同处理之间不存在显著差异（$P=0.05$）。

2. Total S. D 代表总的标准偏差，Total S. E 代表总的标准误差。

（1）2006 年　表 5－10 为 2006 年 10 月冬小麦播种时不同处理行走和作业的油耗。相对于非固定道保护性耕作，固定道保护性耕作显著降低作业总油耗（$P=0.05$）。固定道保护性耕作处理平均减少油耗 30.1%。其中，固定道免耕（NTCN）和固定道深松（STCN）分别降低油耗 27.8% 和 32.4%。

固定道处理降低油耗主要来自两方面：一方面是降低行走油耗。固定道保护性耕作明显降低行走油耗（$P=0.05$）。固定道免耕（NTCN）和固定道深松（STCN）纯行走油耗均比非固定道处理降低 15.4%。另一方面是降低机具工作油耗。固定道免耕（NTCN）、固定道深松（STCN）和非固定道处理机具纯工作油耗分别为 10.47L/hm^2、8.70L/hm^2 和 17.97L/hm^2。相对于非固定道处理，固定道免耕（NTCN）和固定道深松（STCN）机具纯工作油耗分别降低 41.2% 和 51.6%。

两种固定道处理内，固定道深松（STCN）相对于固定道免耕（NTCN）冬小麦播种油耗降低 6.9%。虽然在 6 月进行了深松，但是雨季和夏玉米的生长降低了深松的作用，且试验地在 2005 年 10 月经过翻耕，导致冬小麦播种时两种处理0～10cm土层容重无差异，机具作业阻力无明显差异，因此油耗没有明显差异。

（2）2007年　表5－11为2007年10月小麦播种时不同处理作业油耗。固定道免耕（NTCN）和固定道深松（STCN）冬小麦播种油耗明显低于非固定道免耕（NT）和传统耕作（CK）（$P=0.05$）。两种固定道处理和两种非固定道处理平均油耗分别为20.92L/hm^{2}和26.12L/hm^2。相对于非固定道处理，固定道处理减少冬小麦播种油耗19.9%。

表5－11　2007年10月小麦播种油耗

处理	速度（km/h）	百公里油耗（L/100km）	小时耗油量（L/h）	公顷油耗（L/hm^2）
NTCN	3.80^a	310.69^a	12.72^a	21.54^a
STCN	3.99^a	284.67^a	12.86^a	20.30^a
NT	3.35^a	378.67^b	13.39^b	26.00^b
CK	3.37^a	388.53^b	13.38^b	26.23^b
Total S.D	0.36	54.90	0.47	2.97
Total S.E	0.07	11.21	0.10	0.61

注：1. 表中同一列内右上角标有相同字母表示不同处理之间不存在显著差异（$P=0.05$）。

2. Total S.D代表总的标准偏差，Total S.E代表总的标准误差。

两种固定道处理中，固定道深松（STCN）耗油量比固定道免耕（NTCN）降低5.8%，但是差异不明显。表明深松作业的松土效果在两年后逐渐降低。

两种非固定道处理中，非固定道免耕（NT）播种油耗比传统耕作仅减少0.9%。虽然旋耕作业可以疏松土壤，但作业后的土壤在播种时更容易被压实，更多的能量用于对土壤的压实做功和疏松被拖拉机再次压实的土壤。

2007年冬小麦播种时固定道效果低于2006年小麦播种，主要是由于播种前土壤含水量高，试验时间比较短，固定道保护性耕作处理改善土壤结构的作用没有充分体现。

综合两年冬小麦播种，固定道免耕（NTCN）、固定道深松（STCN）、非固定道免耕（NT）和传统耕作（CK）冬小麦播种平均油耗为24.57L/hm^2、23.06L/hm^2、32.11L/hm^{2}和32.22L/hm^2。相对于传统耕作（CK），固定道免耕（NTCN）和固定道深松（STCN）分别降低冬小麦播种油耗

23.7%和28.4%；相对于非固定道免耕（NT），固定道免耕（NTCN）和固定道深松（STCN）分别降低冬小麦播种油耗23.5%和28.2%。

两种固定道处理中，固定道深松（STCN）冬小麦播种油耗比固定道免耕（NTCN）降低3.2%，表明深松处理的效果并不明显。非固定道免耕（NT）和传统耕作（CK）差异很小。

固定道处理冬小麦播种平均油耗为23.81L/hm^2；非固定道冬小麦播种平均油耗为32.16L/hm^2。相对于非固定道处理，固定道处理减少冬小麦播种油耗26.0%。

三、年作业周期总油耗

综合2006年、2007年两年耕作和播种作业的油耗，可以得出表5－12所示的总油耗。4种处理中，传统耕作（CK）总油耗最高，固定道免耕（NTCN）总油耗最小。相当于传统耕作（CK），固定道免耕（NTCN）和固定道深松（STCN）总油耗分别降低40.1%和23.4%；尽管固定道深松（STCN）进行了油耗较大的深松处理，其总油耗分别比传统耕作（CK）和非固定道免耕（NT）作业降低31.7%和12.7%。

固定道处理中，深松处理虽然可以疏松土壤，改善土壤的蓄水能力，但是由于深松作业能耗大，且固定道深松（STCN）处理下玉米和小麦播种节能效果小，因而其油耗明显高于免耕处理NTCN（$P=0.05$）。相对于固定道免耕（NTCN）处理，固定道深松（STCN）总油耗提高8.94L/hm^2（14.0%）。

非固定道处理中，非固定道免耕（NT）处理总油耗明显低于传统耕作（CK）处理（$P=0.05$）。相对于传统耕作（CK），非固定道免耕（NT）总油耗降低21.8%。油耗的降低主要是由于非固定道免耕比传统耕作少两次油耗较大的旋耕作业。同时旋耕后的土壤更易造成再压实，增加行走能耗和农具作业能耗。试验结果表明，现有的非固定道免耕作业相对于传统油耗同样可以减少燃油消耗，从而降低作业成本。

综合两年的油耗实验数据，固定道保护性耕作处理平均比非固定道保护性耕作处理减少燃油消耗26.59L/hm^2，节油率为28.0%，从而降低作业成本。按现有0号柴油市场价格5.0元/L，固定道保护性耕作处理可以减少成本133元/ hm^2。相对于传统耕作，固定道免耕、固定道深松和非固定道免耕分别减少成本213元/ hm^2、168元/ hm^2 和116元/ hm^2。相对于非固定道免耕，固定道免耕和固定道深松分别减少成本97元/ hm^2 和53元/ hm^2。

表 5－12　不同耕作体系两年作业油耗　（L/hm²）

处理	2005～2006 年				2006～2007 年				总油耗
	深松	玉米播种	旋耕	小麦播种	深松	玉米播种	旋耕	小麦播种	
NTCN	—	8.80	—	27.59	—	5.83	—	21.54	63.76[a]
STCN	11.18	8.68	—	26.82	—	5.72	—	20.30	72.70[b]
NT	—	12.32	—	38.21	—	6.49	—	26.23	83.25[c]
CK	—	12.32	11.42	38.21	—	7.02	11.42	26.00	106.39[d]

注：表中同一列内右上角标有相同字母表示不同处理之间不存在显著差异（$P=0.05$）。

综合两年的小麦—玉米种植的油耗数据可以看出，固定道保护性耕作明显降低小麦—玉米播种油耗。固定道保护性耕作节约能耗主要来源于两方面。一是机具行走节能。固定道保护性耕作设置专门的机具行走道，为机具行走提供紧实的路面，减少了滚动阻力，降低机具行走油耗，同时减少机具对土壤压实的做功；二是农具工作部件的节能。固定道保护性耕作避免了对作物生长带的压实，改善了作物生长区的土壤结构，从而降低机具的工作阻力，减少耕作部件作业能耗。

在华北一年两熟地区，保护性耕作技术条件下，机具每年进地次数为4～6次，压实面积为40%～60%，如果不加以控制机器行走系统所造成的压实，逐年累计压实面积将覆盖整个作物区，加剧土壤结构的破坏，加大后续作业动力消耗。在依据 TN-654 拖拉机设计的固定道保护性耕作系统下，压实面积控制在30%的固定区域内，轮胎只在紧实的行走带上行走，减少了额外的轮胎压实能耗，同时避免对生长带的压实，减少工作能耗，从而节省了拖拉机动力和燃油消耗。

对于非固定道处理，尤其是传统耕作 CK，耗油量大主要有两方面原因。一方面是传统耕作中重复的小麦播前旋耕作业增加了大量的燃油消耗。另一方面是旋耕后的土壤疏松，机具作业滚动阻力大，且土壤更容易压实。一部分能耗用于土壤压实做功，增加行走能耗；一部分能耗用于疏松被压实的土壤，增加了工作能耗。

对于非固定道免耕作业，虽然较传统耕作减少了旋耕作业，降低了油耗。但是由于机具在田间随机行走，机具的滚动阻力高于固定道保护性耕作处理，从而增加了行走油耗；同时，机具的随机压实增加了土壤容重，增加了机具的作业阻力，从而增加了作业油耗。因而其总耗油量高于固定道保护性耕作处理。

第五节　固定道保护性耕作拖拉机尾气排放试验

随着人们对农业节能环保的要求逐渐提高，拖拉机的节能减排日益受到重视。柴油机的有害排放物中，CO 和 HC 比汽油车少得多，NOx 与汽油车相当，碳烟较汽油车高出许多。因此，柴油车排放的控制基本上取决于碳烟的控制。碳烟一般是在柴油机大负荷时产生，如加速、爬坡或超负荷运转时，柴油不完全燃烧的产物，在柴油机大负荷下，燃烧室温度较高，而喷入的燃料过多，混合气形成不均匀，局部区域出现燃烧室空气不足，燃料在高温缺氧的条件下易于裂解，聚合形成黑烟。柴油机带“病”作业和超负荷运转，导致其排放超标、排气异常。排放黑烟与否是判断发动机工作状况好坏的重要标志之一[9]。

在分析不同耕作方式的能耗测试试验中，评价拖拉机作业过程中尾气的烟度，可以判别出在拖拉机正常工况下，因牵引负荷的不同所带来的发动机功率、燃油消耗上的差异。因此，测定不同耕作体系下的不透光度，可以进一步明确固定道保护性耕作体系的节能效应。

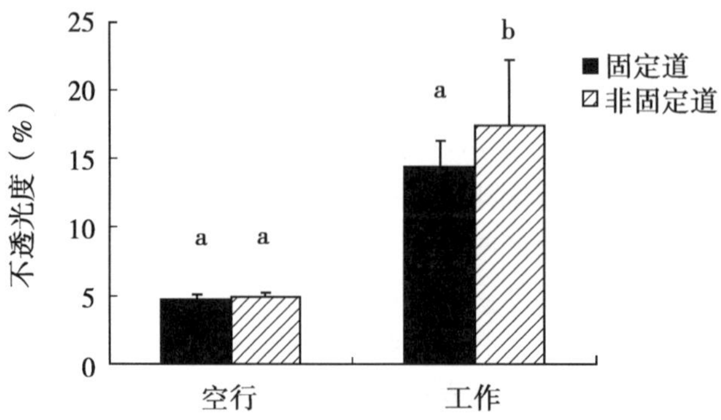

图 5－14　不同耕作体系下深松作业时拖拉机尾气的烟度

图 5－14 为不同耕作体系下深松作业时拖拉机尾气的烟度。深松作业下，纯行走时，固定道保护性耕作和非固定道保护性耕作处理烟度分别为 4.75% 和 4.84%，非固定道处理略高于固定道处理，但是差异不显著；深松作业时，二者烟度分别为 14.45% 和 17.46%。相对于非固定道处理，固

定道处理烟度显著地降低 20.8%。

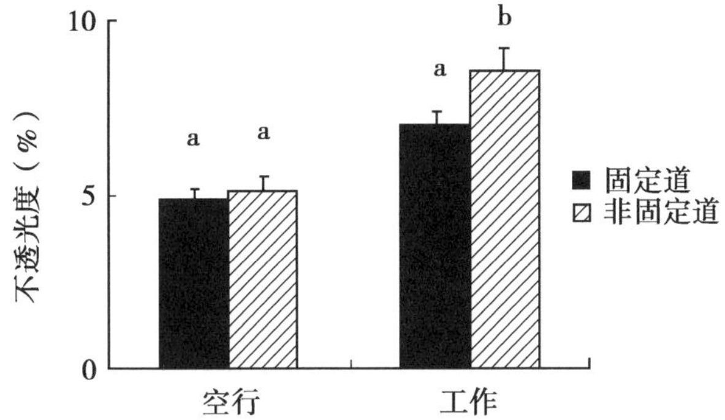

图 5－15　不同耕作体系 2006 年夏玉米播种时拖拉机尾气的烟度

图 5－15 为不同耕作体系 2006 年夏玉米播种时拖拉机尾气的烟度。夏玉米播种时，固定道和非固定道处理在纯行走状态下烟度分别为 4.84% 和 5.08%。非固定道处理尾气烟度略高于固定道处理，但是差异不显著。在工作状态下，固定道处理拖拉机尾气烟度显著地低于非固定道处理 18.7%（$P=0.05$）。

图 5－16 固定道与非固定道处理冬小麦播种时拖拉机尾气烟度。固定道处理尾气烟度低于非固定道处理，且趋势和夏玉米作业相同。

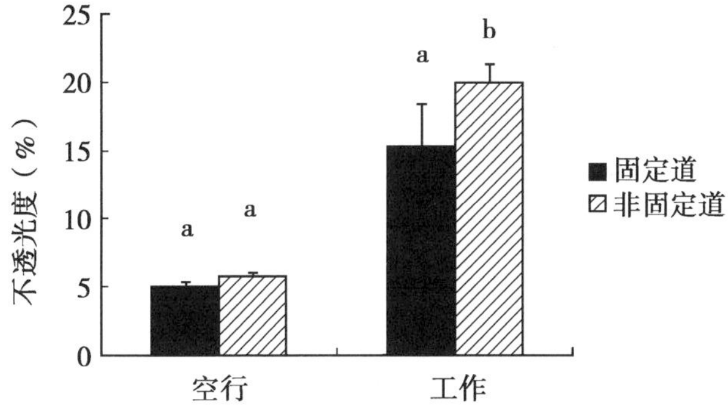

图 5－16　不同耕作体系冬小麦播种时拖拉机尾气烟度

纯行走时，两种处理尾气烟度分别为 5.00% 和 5.77%，固定道处理烟度降低 13.3%，但是差异不显著。

小麦播种时，固定道保护性耕作处理与非固定道保护性耕作处理拖拉机尾气烟度差异显著（$P=0.05$）。固定道和非固定道处理下拖拉机尾气烟度分别为 15.34% 和 19.34%。相对于非固定道处理，固定道保护性耕作处理拖拉机尾气烟度显著降低 20.7%。

在深松、夏玉米播种和冬小麦播种 3 种作业时，拖拉机在田间空行时所排放的碳烟不透光度最大值为 5.77%，最小值为 4.84%。考虑到田间误差以及仪器精度，按常用的透射式烟度计不透光度 N 允许示值误差 ±3% 来算，固定道与非固定道处理空行烟度不会产生显著性差异。主要是由于空行作业时，农机具仅受滚动阻力作用，牵引负荷波动不大。试验时间较短，固定道处理行走道上的压实并不十分显著，因而固定道处理与非固定道处理差异并不显著。随着试验的进行，固定道保护性耕作逐渐降低滚动阻力，因而其空行下降低尾气烟度的作用逐渐增加。

在机具负载作业，农机具要克服滚动阻力及工作阻力做功。由田间作业阻力分析可知，机具负载作业时，工作阻力远大于滚动阻力。在不同处理的不同作业下，柴油机负荷增幅不同，从而带来油耗及尾气排放的差异。深松、玉米播种和小麦播种作业时，固定道保护性耕作处理烟度均显著低于非固定道保护性耕作处理。一方面是滚动阻力的降低，另一方面是减少了生长带的压实，降低了机具的工作阻力，减少了牵引负荷的波动，从而显著的降低了机具作业时的油耗。回归分析显示，机具作业时，拖拉机油耗和尾气烟度存在线性相关关系（表 5－13）。因此，相对于非固定道处理，固定道保护性耕作处理显著降低了拖拉机负载作业时尾气的烟度。

表 5－13　拖拉机尾气烟度与油耗的关系

项目	回归方程	R^2
空行	$Y = 12.517X - 51.744$	0.668 1
作业	$Y = 1.669\,4X - 4.263\,3$	0.552 5

注：Y—拖拉机燃油消耗，X—拖拉机尾气烟度。

第六节　固定道保护性耕作节能减排效果总结

固定道保护性耕作改善机具行走性能，减少机具对作物生长带的压实，明显降低机具作业的总阻力。在深松、小麦和玉米播种作业下，相对于非固定道保护性耕作，固定道保护性耕作下机组总牵引阻力分别降低 14.6%、13.3% 和 13.3%。

其中：

a）滚动阻力分别降低 26.9%、21.9% 和 19.7%，平均降低 22.9%；

b）机具作业阻力分别降低 7.5%、7.2% 和 12.4%，平均降低 8.8%；

c）固定道保护性耕作降低开沟器水平阻力。固定道平均比非固定道处理降低 22.0%。固定道处理开沟器水平阻力平均分别比非固定道免耕（NT）和传统对照（CK）降低 26.7% 和 17.9%。

固定道保护性耕作通过管理压实，从而改善土壤结构，降低作业阻力，降低燃油消耗。两年关键作业总油耗，固定道保护性耕作处理平均比非固定道处理减少 28.0%（26.59L/hm^2）。其中，夏玉米播种油耗减少 23.9%，冬小麦播种油耗减少 26.0%。固定道免耕（NTCN）和固定道深松（STCN）分别比传统耕作（CK）减少油耗 40.1% 和 31.7%，分别比非固定道免耕（NT）减少油耗 23.4% 和 12.7%。

固定道处理中，相对于固定道免耕，固定道深松处理使油耗增加 14.0%；非固定道处理中，非固定道免耕处理（NT）有一定的节油作用，比传统对照（CK）减少油耗 21.8%。

固定道保护性耕作处理显著地降低了机组作业时拖拉机尾气的烟度。拖拉机尾气烟度和拖拉机油耗存在线性相关关系。

纯行走时，在深松、玉米播种和小麦播种 3 种作业下，固定道保护性耕作处理烟度略低于非固定道保护性耕作处理，且差异随试验时间增加。

机具作业时，固定道保护性耕作显著地降低拖拉机尾气烟度。在深松、玉米播种和小麦播种 3 种作业下，相对于非固定道保护性耕作分别降低 20.8%、18.7% 和 20.7%。

主要参考文献

[1] Tullberg J. N., Ziebarth P. J., Li Y. X. Tillage and traffic effects on runoff. Australian Journal of Soil Research, 2001, 39: 249～257.

[2] 孔江生，娄滨生，张维良．轮式机械在砂质土壤上行驶时的涌土现象及其影响．同济大学学报，2001，29（19）：1 439～1 442.

[3] Tullberg J. N. Controlled Traffic in Dryland Conservation Cropping, 1995.

[4] 曾德超．机械土壤动力学．北京：科学技术出版社，1995.

[5] 周一鸣．拖拉机原理．西安：西安交通大学出版社，1993：51.

[6] 娄成后．现代农业的免耕法．北京：农业出版社，1979：35～36.

[7] 李汝莘．旱地保护性带状耕作增产节能机理及试验装备研究［D］．北京：中国农

业大学，1998.

[8] 李汝莘，史岩，迟淑筠. 机器轮胎引起的土壤压实及其耕作能量消耗. 农业机械学报，1993，30（2）：12～16.

[9] 黄虎，王晓燕，李洪文，等. 固定道保护性耕作节能效果试验研究. 农业工程学报，2007，23（12）：140～143.

[10] 黄虎. 固定道保护性耕作机械作业能耗效应研究［D］. 北京：中国农业大学，2007：6.

[11] 杜兵，周兴祥. 节约能耗的固定道耕作法. 中国农业大学学报，1999，4（2）：63～66.

第六章　固定道保护性耕作应用及研究展望

第一节　应用前景及限制因素

迄今为止，最成功的应用固定道保护性耕作的实例是在澳大利亚，其他地方有一些零星的应用实例，如印度北部和巴基斯坦采用的固定垄技术（PRB），美洲及欧洲的固定道喷药系统（Temporary tramlines），垄作台田（Raised beds）或垄作（Ridge till）等。而且，大部分应用只是局限于部分单项田间作业上，未能高效地发挥固定道改善土壤的效果。在这些地区，固定道的有限应用主要表现形式为作物播种时建立喷药系统，在播种直到收获的整个期间，只有喷药时才使用。固定道的另外一种表现形式是在一季作物中采用垄作。这种垄作方法的目的是为改善排水、在种植根茎作物时去除其种带上的石块或改善收获条件。

根据欧洲及北美大部分地区的经验，普遍存在一些制约固定道应用的因素，如机器配备标准化、交通立法以及机具与道路的实际宽度等的限制。立法和机具的限制主要集中体现在某些国家的乡村和城市周边地区的基础设施，特别是与道路有关的设施及法规的限制。

很大程度上，限制固定道技术应用的主要原因在于现有谷物收获机的轮距，其他机器的轮距需要与之匹配。在澳大利亚，收获机的轮距大约3m，受限于其脱粒机构，而固定道的其他机具一般都最小轮距为3.5m宽。在欧洲和北美，尽管立法上允许这种宽度的机器有条件地在道路上行驶，一般不受限制的机器宽度在3m以内。比如："宽度超过3m的车辆上路行驶需要警察的24h监控"，"宽度小于2.55m的车辆也要受到高速路最低限速（如20mile/h）的限制"等。此外，许多农场的道路宽度都不超过3m。道路立法不太可能修改，固定道在这些地区彻底采用之前需要对收获机的设计做根本的改动。

固定道作业的可持续性涉及少耕或免耕下管理杂草和残茬的能力。对于杂草管理，固定道作业是有利的，紧实的车道为机具提供了良好的附着性能和可操作性，其作业精确度也可用多种控制方法实现，例如，带状喷药（包括近距离向种子施肥，而不是施向杂草），还包括行间除草管理等。固定道作业提供的精确度和大跨度系统，能允许喷药机在很窄的作物行间作业。固定道作业系统中的永久性道路是其可持续性的一个关键因素。

在以拖拉机为基础的固定道作业体系中，其最重要的工作是改善机器和轮距宽度的匹配。在固定道技术应用的早期阶段，需要为机械化投入相当大的努力，比如，耕作和播种设备的修改，以便于更好地满足保护种床和精确定位的要求。机具设计的改善允许在管理上有更大的灵活性。

正如以上所述，在许多国家，存在运输宽度的限制，需要改善谷物收获机的设计，这是在这些地区对固定道机器兴趣低的原因。宽跨度机具（Gantry）表现了相当大的潜力和对拖拉机系统的限制。

固定道作业技术的应用带来了积极的影响，导致了燃料投入的降低，农民利润的增高和环境关注的增多，同时也引起农业装备工业相当大的进步和变化。这些影响的前期结果（增收、节能、环保等）会形成未来发展驱动力的基础，特别是与食品安全和可持续发展同步相关。

国外实践表明，固定道保护性耕作技术是一项高效节能、保土、增产的技术，有利于农业的可持续发展。

（1）节能减排　固定道保护性耕作具有明显的节能效果，可以减小农具耕作阻力和改善车轮附着性能，提高作业效率，从而减少机器作业能耗，减少农机具作业时拖拉机污染物排放量。另外，有研究表明，采用固定道保护性耕作有助于改良土壤，进一步提高土壤固碳的能力，从而减少农田温室气体的排放。

（2）土壤改良　国外研究表明，固定道保护性耕作减少土壤压实，防止土壤侵蚀，改善作物生长区土壤结构，增加水分入渗，从而提高产量。

（3）实现精确作业和间套作作业，提高农机作业自动化水平　固定道有利于农田作业的精密化、自动化，可以实现精确施用化肥、农药，避免了重喷漏喷。既保证了作业质量、减少了污染，又提高了动力性和经济性。可以进行行间机械除草或采用带状区域管理的方式除草，提高了除草效果[15]。

（4）节约用水、提高资源利用效率　固定道保护性耕作垄作沟灌技术可以达到节约灌溉用水，防止水涝灾害和管理垄床表面作物残茬的目的，同时还能够提高机械、化学除草的质量，有利于免耕技术的发展。

第二节　研究重点展望

一、国际上固定道保护性耕作的研究重点

综合各国固定道保护性耕作技术的研究情况，可以看出，固定道保护性耕作技术的研究主要集中在以下三方面：

1. 节约能耗方面

国外农业生产基本上是全程机械化作业，如澳大利亚普遍采用动力在100马力以上的大型农业机械。大型机械反复在田间作业，不仅损失了部分机械动力，还会造成土壤压实，破坏土壤结构降低水分入渗，降低作物产量，严重降低农业生产效益。Burt等[1]研究发现机具导致的土壤压实增加了机具作业的动力需求。相对于固定道系统，5次压实处理使耕作动力需求增加43%。Dickson[2]和Campbell[3]在苏格兰冬小麦和马铃薯轮作系统中研究发现，固定道耕作系统下，小麦耕作能耗降低14%，马铃薯耕作能耗降低50%。Williford[4]研究指出，在压实过的地面上耕作所增加的能量大致等于轮胎压实土壤所需要的能量。因此，固定道保护性耕作技术可以比传统作业系统减少能耗50%。

作为固定道保护性耕作技术应用最广的国家，澳大利亚最初的目的是为了通过把重型机具的压实固定在永久行走道上，以减少不必要的土壤变形所消耗的能量。试验表明固定道保护性耕作可以显著减少土壤压实，降低能量消耗，从而降低生产作业成本[5]。在同样的产出下，固定道作业可以减少油耗至少40%，减少30%拖拉机的动力需求[6]。能耗受土壤类型，耕作深度和方式，压实程度，土壤水分和作业机具等的影响，Nikolic[7]研究指出固定道保护性耕作可以节能达25%。

2. 改良土壤结构，促进作物生长，提高产量方面

固定道保护性耕作通过限制压实，保持作物生长带良好的土壤环境，可以促进作物生长，改善土壤结构。对比研究固定道保护性耕作和非固定道保护性耕作表明，压实明显增加土壤容重，减少30cm土层的通气孔隙度，影响作物苗期根系生长[8]。在固定道耕作体系下，行走道比作物生长带容重增加15%~39%，孔隙度降低8%[9]。Tullberg和Lahey[10]研究表明固定道耕作使作物生长带土壤团粒尺寸分布均匀，孔隙度提高。固定道减缓了耕后土壤的再压实，明显提高土壤入渗，减少轮胎滑移，减少N_2O的排放，降

低氮流失。采用固定道保护性耕作，可以有效地减少径流和土壤损失，增加作物早期生长可利用的水分。李玉霞[11]等试验表明，对比非固定道免耕作业，固定道免耕作业年均径流量减少42.7%，水分入渗率提高12.0%，0～100cm土层作物可利用水含量增加11.5%，平均产量增加14.5%。美国棉花固定道耕作生产系统，4年的平均产量比传统作业增加了15%，如果对种植带进行深松，产量将比传统的耕作增加56%[12]。Chamen[13]对比分析了欧洲不同国家不同耕作体系下作物产量，结果表明机具压实增加了生产投入，破坏了土壤结构，固定道保护性耕作体系产量增加19.3%。

3. 提高作业效率，降低成本方面

随着研究的深入，人们发现固定道可以提高土壤生物活性，提高处理残茬的效率[14]。同时固定道可以实现精确施用化肥、农药，避免了重喷漏喷。固定道可以实现延时播种，对于干旱少雨的地区，可以等待土壤含水量和温度适宜时播种。采用固定道，可以在雨后很快进地作业，保证田间作业迅速进行，增加了种植机会[16]。

4. 节约灌溉用水方面

固定道保护性耕作垄作沟灌技术（Permanent Raised Bed，PRB）可以达到节约灌溉用水，防止水涝灾害和管理垄床表面作物残茬的目的，同时还能够提高机械、化学除草的质量，有利于免耕技术的发展。

墨西哥是最早开始固定道垄作沟灌保护性耕作技术研究的国家之一，研究成果主要集中在灌溉和雨养地区对垄宽、作物品种、氮肥管理系统等方面的研究，种植作物种类从小麦逐渐发展到玉米、大豆、棉花、高粱、鹰嘴豆和油菜等多种作物。目前，这一技术已经在墨西哥、南亚、非洲和其他干旱和降雨比较严重的地区得到了广泛推广，例如，印度尼西亚。

相对传统平作漫灌系统，固定道保护性耕作系统具有如下几个方面的优点：①节约灌溉用水，提高肥料利用率；②提高了光能利用率；③减少水涝灾害；④有利于耕和残茬管理技术的发展；⑤中国和澳大利亚的研究表明，这一技术能改善土壤结构，增加土壤中有机碳含量和作物可利用水量，同时能减少温室效应气体的释放和对地表、地下水的污染；⑥减少农业投入和作业成本。

5. 固定道机具配套及专用机具的研发

相对于传统的平作，实现固定道作业的关键问题之一是机群的配套，特别是动力机及配套农机具的轮距与作物行距以及不同时期作业机具轮距之间的匹配。另外，还要针对固定道对行作业、垄作作业等特殊要求，开发一些新的机具，如起垄机或固定道成形装置、宽幅播种机、田间管理机、机具自动对行导向系统、宽幅通用作业机架等。

随着固定道保护性耕作技术的发展，世界各国也加快了相应农业机具的研究。机具的研究主要集中在单次作业起垄机和多行播种机，这种播种机能在立茬和作物残茬很高的情况下作业。墨西哥、澳大利亚、印度等国研制的机具能有效地提高生产效率和确保作物的播种和生长。如今，固定道保护性耕作机具的研究已经从单次播种和起垄机具逐渐推广到喷药、除草和收获等多种类型机具的研究。各种新的小型高效机具的出现，在促进固定道保护性耕作技术发展的同时，也加速了这一技术的推广和应用。相信未来固定道保护性耕作技术将对世界农业的发展产生巨大的影响，这不仅是因为这一技术能够提高产量，而且能减少污染气体的释放，降低对环境的负面影响。

二、固定道保护性耕作在中国的研究重点

1. 开展我国不同类型区、不同作物的固定道作业体系及配套机具研究。

这些类型区应包括：华北一年一熟区、华北一年两熟区、东北垄作区、西北灌溉区、南方稻—麦两熟区等。

主要作物可包括：玉米、棉花、大豆、小麦、水稻等。

2. 试验研发固定道保护性耕作的配套机具。

考虑动力机及配套农机具的轮距与作物行距以及不同时期作业机具轮距之间的匹配。

针对固定道对行作业、垄作作业等特殊要求，开发一些新的自动化作业机具，为固定道保护性耕作的应用提供装备保障。

3. 在不同类型区、不同机具作业条件下，继续深入探索固定道保护性耕作的节能、降耗、减排效果及机理，形成量化的指标，并为设计开发节能型机具提供理论基础。

4. 继续开展固定道保护性耕作节水效果的理论和试验研究。

在华北一年两熟灌溉区、西北绿洲农业区、南方稻—麦两熟区等，结合保护性耕作的试验示范，深入研究固定道保护性耕作的节水效果，为设计节约资源的高效作业技术模式，提供科学数据依据。

主要参考文献

[1] Burt E. C. , Reeves D. W. , Raper R. L. Energy utilization as affected by traffic in a conventional and conservation tillage system. Trans. of the ASAE, 1994, 37 (3): 759 ~ 762.

[2] Dickson J. W. , Tithcie T. M. Soil and crop responses to zero, reduced ground pressure and conventional traffic systems in an arable rotation on a clay loam. Departmental Note-Scottish Center of Agricultural Engineering, 1993, 63: 31.

[3] Campbell D. J. , Dickson J. W. , Ball B. C. , et al. Controlled seedbed traffic after ploughing or direct drilling under winter barley in Scotland. Soil and Tillage Research, 1986, 8: 3 ~ 28.

[4] Williford J. R. A controlled-traffic system for cotton production. Transaction of the ASAE. 1980, 23: 65 ~ 70.

[5] Murray J. R. Controlled traffic: A sustainable approach to agricultural land management—A review. Research Series, Department of Management Studies, The University of Queensland, Gatton College, 1994, 2: 1 ~ 30.

[6] Tullberg J. N. and Murray S. T. Controlled traffic tillage and planting. Farm Mechanisation Centre, Queensland Agricultural College, Qld, Australia, 1987.

[7] Nikolic R. , Savin L. , Furman T. , et al. Research of the problems of soil compaction. Acta Technologica Agriculturae, 2001, 4: 107 ~ 112.

[8] Bulinski J. , Niemczyk H. Effect of method of agricultural outfit running on the field on soil properties and sugar beet yielding. Ann. Warsw Agric. Univ. Agric. Eng. , 2001, 41: 39 ~ 44.

[9] Raper R. L. , Teeves D. W. , Burt E. C. . Using in-row subsoiling to minimize soil compaction caused by traffic. Journal of Cotton Science, 1998, 2: 130 ~ 135.

[10] Tullberg J. N. and Lahey G. V. Controlled traffic cropping. Gatton College, The University of Queensland, 1990.

[11] Li Y. X. , Tullberg J. N. , Freebairn D. M. Wheel traffic and tillage effects on runoff and crop yield. Soil & Tillage Research, 2005.

[12] Dumas W. T. , Trouse A. C. , Smith L. A. , et al. Development and evaluation of tillage and other cultural practices in a controlled traffic system for cotton in the southern Coastal Plains. Transactions of the ASAE, 1973, 16 (5): 872 ~ 876.

[13] Chamen W. C. T. , Vermeulen G. D. , Campbell D. J. , et al. Reduction of traffic induced soil compaction: a synthesis. Soil and Tillage Research, 1992, 24: 303 ~ 318.

[14] Chamen W. C. T. The impact of tillage practices on the soil and wider environment, with particular regard to arable cropping in England. In: R. Horn, J. J. H. van den Akker and

J. Arvidsson, Subsoil Compaction: Distribution, Processes and Consequences, Catena Verlag GMBH, Reiskirchen, Germany, 2000: 370 ~ 383.

[15] Kurstjens D. A. G. , Melander B. and Ascard J. Enhancing non-chemical weed management—how soil tillage research can contribute. In: Proceedings of the 16th Conference, International Soil Tillage Research Organisation, Brisbane, Australia, 2003.

[16] Bindi Webb, Paul Blackwell, Geraldton, et al. Tramline Farming: develop your own system. Department of Agriculture, Government of Western Australia, 2003, 35.